凝香，

手工纯露蒸馏教室

余　珊 / 著
张家瑜 / 绘

中国轻工业出版社

发想

自2018年出版了《纯露芳疗活用小百科》后，越来越多人知道了“纯露”是什么。有的人称它为“花水”，有的人称它为“蒸馏水”，也有人称它为“会香的水”“花露水”。

纯露的英文名称为Hydrosol，这个词自1864年开始使用，实际上可以拆分为两个字来看：hydro指的是水，sol指的是solution，也就是溶液的意思。

“溶液”在化学上的定义为：溶质（比例较少的）+溶剂（比例较高的），例如糖（溶质，比例较少的）+水（溶剂，比例较高的）成为了糖水（溶液）。

Hydrosol这个字用得相当好，意思是“水的溶液”，而这个溶液中还含有其他含量比水少的活性成分，因此溶质（植物内的挥发活性成分）+溶剂（水hydro）=含有植物成分的水溶液（纯露，Hydrosol）。

在欧洲，蒸馏所得的副产物被称为hydrolat或hydrolate，这个名词最早在20世纪80年代中期进入芳香疗法的词汇里；20世纪90年代初期，美国用了hydrosol（水溶液）一词，它被定义为蒸馏完成后将精油分离后所剩余的水。所以，在欧洲，纯露名称是hydrolat或hydrolate，而美式用法就是hydrosol，这几个单词所代表的都是“纯露”。

我曾几次前往法国南部，所看到的都是蒸馏锅中蒸馏着满满的植物收成、堆积如山的植材，欧洲有品种众多的精油、纯露产品，这些精致的农业产品行销全球，在此之前我心中一直有个疑问：为什么精油、纯露只有欧美国家有？亚洲国家也能有啊！

在台湾，这些芳香产品99%依赖进口，因此售价也无法降低，光是运费可能就比产品本身价值还要高了！每次进口这些精油、纯露或其他香氛产品时，都深深感慨如果可以自己做，就不用大费周章海运、空运到台湾了。当然，原装进口还是有一些优势。例如，欧盟的有机认证等品质管控，以及一些植材种类特别适合在欧洲气候种植。

就以我从欧洲进口纯露多年的经验，由于运送时间与运送旅程中一些无法控制的状况，例如，运送时间过长或过程中的气候温度等因素，少数纯露到达台湾后没有多久就会产生菌丝而折损，且折损率高，这让我开始考虑自己去蒸馏取得精油、纯露，并评估是否有当地可使用的植物。

虽然没有欧洲的薰衣草、保加利亚的大马士革玫瑰，但台湾有满满的积雪草，家里阳台就能种植的薄荷、迷迭香、藿香、天竺葵等，尤其是台湾夏季时间较长，有很多小农种植荷花、香水莲花，就连台湾溪流边夏天盛开的姜花目前也有农民在种植；还有常年有花可收的玉兰花、巷弄围墙边的月橘、秋冬和平东路与新生南路两旁盛开的白千层及苗栗铜锣的杭菊、在台湾的农场中，已被广泛地驯化并进行种植的澳洲茶树，台湾南部屏东也有专门种植的金银花与晚香玉……这些都是能制成纯露的植材！取当地植材用于制作纯露及精油，应该是十分合乎经济效益的。

2018年，我开始蒸馏制作精油及纯露，同时开办蒸馏工艺的专业课程，以往在欧洲被当成配角的纯露，我决定让它在我的课程中担任最佳女主角。为什么呢？因为其实水溶性的纯露使用起来是安全方便的，而在蒸馏工序中，许多得油率较低的植材我并没有将它蒸馏出来的精油与纯露进行分离（例如玫瑰花、茉莉花），就让精油自由混溶在纯露中，所以纯露中都会含有1%～2%的精油成分，这更增加了自制纯露的价值。

学习

当我自己有了蒸馏的想法后，我开始搜寻以往在法国南部精油厂里所拍摄的一些蒸馏过程，仔细回想法国精油厂中关于蒸馏精油的制作过程，心里想着，既然要做就要做到专业，于是我开始寻找针对蒸馏精油与纯露工艺的大量文献并阅读。

我本身对于植物有着超乎常人的热爱，面对这些枯燥、索然无味的文献资料，我爱不释手、乐此不疲，时常是一阅读完相关文献，就立即着手规划实验；实验过程中，仔细观察记录，分析研讨实验结果，先从理论层面开始仔细研读，进而动手实际操作。面对漫长的研读、实验过程，很幸运的是我身旁有一位专属于我的有机化学老师，整个学习过程中，我不断询问他蒸馏工艺中我能想到、遇到的每个细节与问题。

我从架设实验室与蒸馏器材、自学植物蒸馏开始，学习观察所有蒸馏过程中的温度变化，计算馏出速度、冷凝温度、判断蒸馏结束时间，从开始的第一种植材，一直到目前已经制作超过30种品项的植物。在本书中，摘录了台湾比较容易取得甚至在自家就能种植的植物来书写，个人认为，写一些不易取得的植材实在没有什么应用价值！每一种植物需要使用的前置预处理方式都不尽相同，这些细节也都收录在本书中，这本书应该可以说是我阅读了大量文献与亲身实操后的产物。

探访

工欲善其事，必先利其器。产生蒸馏纯露的念头后，接着需要准备植材与蒸馏器。

植材的种类很重要！从基本的柑橘类（例如柠檬、香橙、橘子、柚子等）来说，柑橘类很容易在市面上买到，但花朵类、大树类多数就需要向小农采购，这时就有了另一项工作与乐趣——寻找种植这些植材的农民。

虽然近几年台湾种植芳香植物的小农有越来越多的趋势，但是我需要的植材不能喷洒农药（或在使用农药上有严格规范，起码在采收期农药必须无残留），在我遇到的种植形态中，最佳的是全自然放养、不使用任何农药的植材（目前十分困难），为了探访搜寻各类植材、了解植材种植现况，我便开始了台湾芳香之旅，在春夏秋冬四个不同的季节，寻找种植芳香植物的小农。

这些探访之旅，除了满足我对植材种植情况的掌握，更结交了无数喜好莳花弄草的好朋友，从他们自身经验中也学习到很多植材专业知识，体会到种植这些香草植物的酸甜与苦涩。

在蒸馏器的选择上，我从材质挑选、结构设计、蒸馏器的制作工艺着手，参考能阅读到的相关文献，从不同的角度去评选，以期挑选出一款品相最佳、操作最简单、结构设计最适合精油与纯露蒸馏的蒸馏器；期间我购买过许多不同材质、外形的蒸馏器进行操作与评鉴，最后才在欧洲找到一款方方面面都满足我要求的“铜制蒸馏器”。

我也开始在自己的蒸馏课程中让学员们使用这几款自己很满意的蒸馏器，我相信它们能够让初学蒸馏的学员遇到较少的问题，获得很大的成就感。在寻找蒸馏器的过程中，我发现蒸馏酒的蒸馏器与蒸馏精油纯露的蒸馏器是最容易让大家混淆的，因此关于蒸馏器的选择要素、该如何挑选合适的蒸馏器等问题，我在书中章节也将详尽介绍。

探访植材的第一站是夏天，我从屏东开始拜访玉兰花花农，非常感谢这位回乡打拼的玉兰花花农张希仁，他知道我要的花材是用来制作纯露，特别提供给我没有喷洒农药的玉兰花。之后，我又陆续拜访了种植晚香玉、金银花、九里香、金盏花、依兰花与香水莲花的小农；到了秋冬，是苗栗铜锣乡的杭菊季节，我也在铜锣乡农会叶主任的协助下，认识了杭菊的采收与加工过程。

台中市雾峰区有位瓜果农，是我花了大量时间搜寻才找到的玫瑰花爱好者，他原本是位种植瓜果的年轻瓜农，种植玫瑰只是偶然，在瓜果田边“顺便”种了些观赏用玫瑰，他从小规模栽种进而掌握种植技术，再开始扩大栽种面积。我听他说：“几年前种了将近1公顷的玫瑰，但无人问津，无奈只好缩减到用约0.1公顷种植玫瑰，谁知道最近这两三年无农药玫瑰却开始供不应求。”

玫瑰花在台湾多数是观赏用花卉，而观赏用玫瑰为了保持外观的美丽完整需要喷洒农药防虫害，要找到使用自然农法又有产量的小农是不太容易的事。造访当天，他所栽种的玫瑰花都已接受预订，无法提供给我足够蒸馏的数量。

我多次寻找无农药玫瑰花，当中遇到相当多问题与挫折，大多数玫瑰花花农都是供给花卉市场作为观赏切花，为了保持花型完整，一定需要使用农药，此外我需要的数量也不多，以至于在植材寻找中遇到相当多挫折。虽然我并非玫瑰深度爱好者，但是，精油与纯露的世界中，怎能少了这花中之后！

经过无数次寻找无农药玫瑰花的落空，我有了自己种植的想法，并且选择全数种植强香型、多瓣型的玫瑰，从三五盆到现在种植了将近60盆以上的强香型玫瑰花，几乎每周都有鲜花可以采收，花季时更是每天都有玫瑰花可采。

我克服了取得玫瑰花植材的难题，种植玫瑰也是非常疗愈的事，每天早晨亲手剪下自己种植的玫瑰花，那种满足的心情真的难以表达，再进一步蒸馏制作成玫瑰纯露，更是非常有成就感的事。

所以我常在课堂上与同学分享，如果自家有阳台或顶楼的空间，可以种植一两盆容易上手的芳香植物（例如薄荷、柠檬香蜂草或雷公根，它们都是很容易种活的植物），每3～4周就可以采摘制作蒸馏，从亲手种植到蒸馏出纯露与精油的过程能拥有满满成就感。

很幸运的是，住宅旁有一小块空地让我能种植芳香植物作为蒸馏教学用，植物能采收时我便去修剪下来，回家马上制作成纯露或加以适当保存。有了这些天时与地利，给予我更多信心去钻研、学习纯露的领域，而每一段自我学习与摸索的历程，也都是课程中鲜活、实际的教材，期许自己在专业蒸馏教学的道路继续精进，继续前行。

此书

这本书写给所有想自己动手蒸馏纯露、精油的天然产物爱好者，如果你对自制纯露、精油感兴趣，在这本书里可以知道每一个蒸馏制作过程的步骤，了解芳香植物在哪个季节能采收或可到哪里购买，还有芳香植物哪个部位能蒸馏使用，以及蒸馏制作前有哪些预处理、铜制蒸馏器具的选择及购买等相关问题。

希望这本书的经验能让读者在蒸馏纯露与精油时得到帮助，读完书后也能自制各种品项的纯露、精油，供给自己与家人更好的天然植物水，作为生活上全方位的应用。

我也欢迎读者前往Facebook搜寻“宝贝香氛bébé”，与我分享任何有关此书中应用的相关问题。

同时感谢麦浩斯出版社的张淑贞社长及副总编辑斯韵，尤其是斯韵在这段过程中给予我的意见及专业协助，并感谢不完美工作室在我们的蒸馏工艺课程协助拍摄的课程照片，更感谢我的私人有机化学老师Eddie王，在这段不算短的日子当中给予我的一切鼓励与无限支持，让我能有动力与能力将这本书完成，一切都是美好的开始。

目录

CHAPTER 1
手工纯露的基础 Basic Knowledge of Hydrosol

CHAPTER 2
易于取得！能萃取纯露的植物 Plants for Hydrosol

CHAPTER 3
手工纯露的生活应用 Applications of Hydrosol

CHAPTER 4
DIY 纯露问与答 Questions about Hydrosol

CHAPTER 1

手工纯露的基础

Basic Knowledge of Hydrosol

1-0 手工纯露的蒸馏流程与书籍应用总表

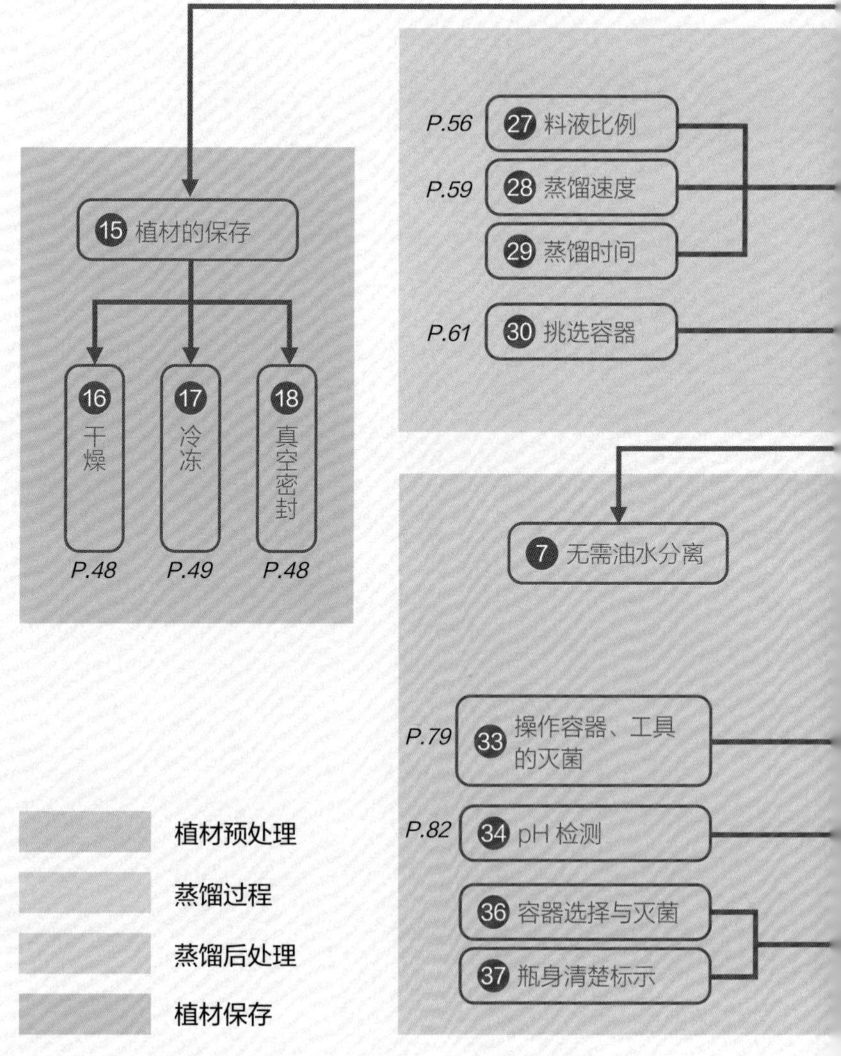

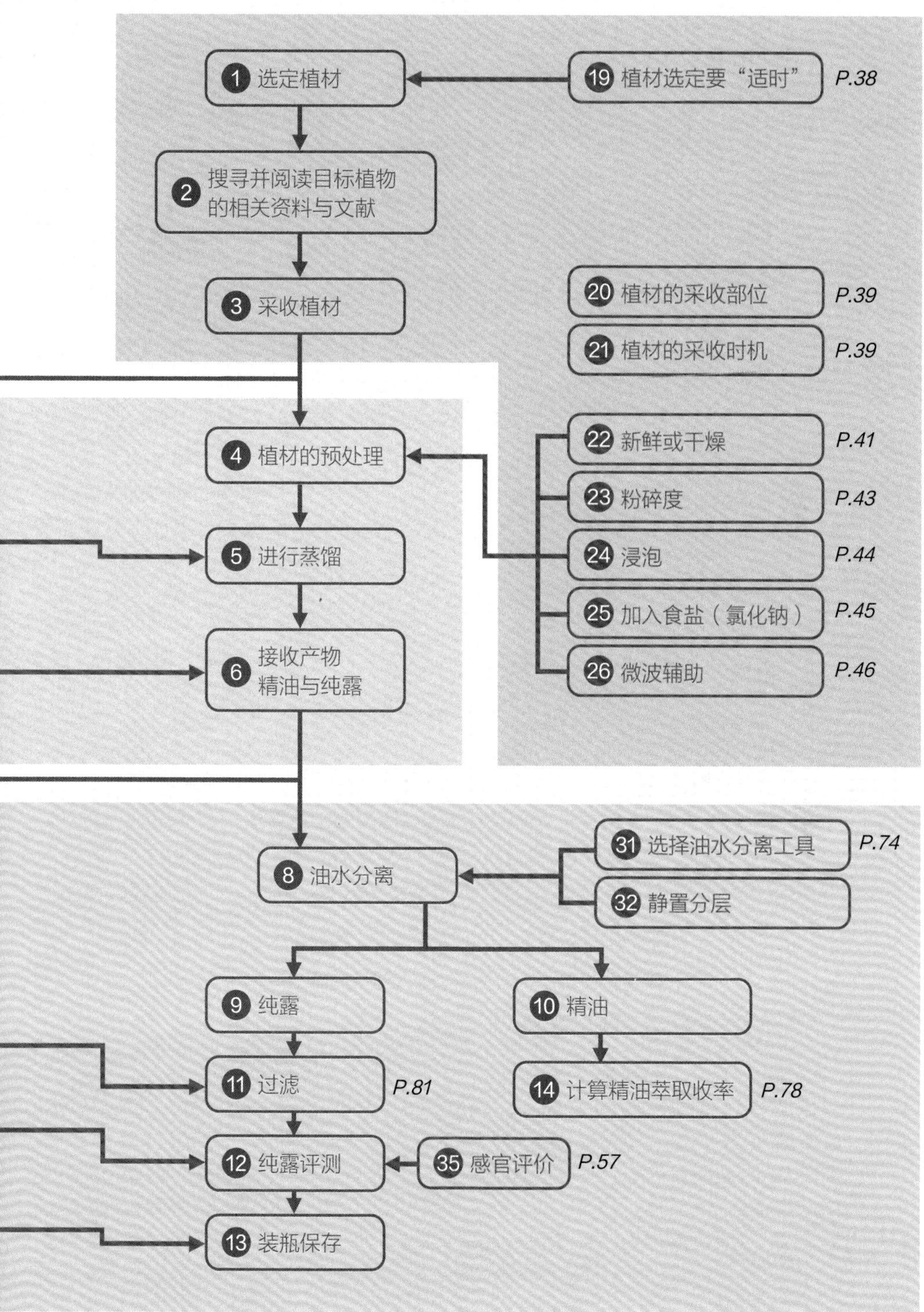

1 选定植材
19 植材选定要“适时” P.38
2 搜寻并阅读目标植物的相关资料与文献
3 采收植材
20 植材的采收部位 P.39
21 植材的采收时机 P.39
4 植材的预处理
22 新鲜或干燥 P.41
23 粉碎度 P.43
24 浸泡 P.44
25 加入食盐（氯化钠） P.45
26 微波辅助 P.46
5 进行蒸馏
6 接收产物 精油与纯露
8 油水分离
31 选择油水分离工具 P.74
32 静置分层
9 纯露
10 精油
11 过滤 P.81
14 计算精油萃取收率 P.78
12 纯露评测
35 感官评价 P.57
13 装瓶保存

1-1 蒸馏

蒸馏的原理

纯物质在一定的压力下具有一定的沸点，不同的物质具有不同的沸点，蒸馏就是利用不同物质间沸点的差异，对液体的混合物进行分离的方法。

当我们对液态的混合物加热时，由于沸点低的物质挥发性较高，它会先到达沸点然后完全汽化，经过冷凝装置冷却之后，又重新凝结为液态被蒸馏出来；而高沸点的物质，由于不易挥发而停留在蒸馏的原容器中，进而能够使混合物分离。

举例来说，丙酮的沸点约为56摄氏度，水的沸点为100摄氏度，当我们把丙酮和水混溶在一起，要将它们两者分离开来，就可以运用蒸馏来完成。当我们对丙酮和水的混溶液体加热时，丙酮会先到达沸点而汽化，经由冷凝后被蒸馏出来，而水则会留在原蒸馏容器中。这样我们就有效地分离了丙酮和水。

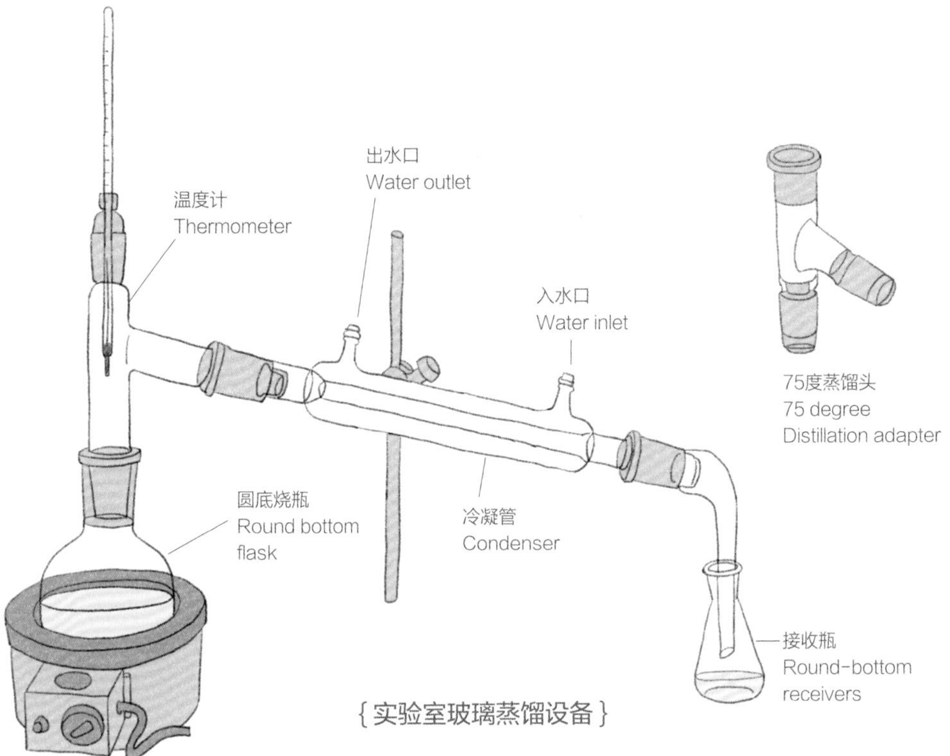

{实验室玻璃蒸馏设备}

水蒸气蒸馏的特性

我们利用蒸馏有效分离了丙酮和水这两种溶液，若是把丙酮换成厨房常用的橄榄油，把橄榄油和水混溶在一起，然后加热进行蒸馏，橄榄油的沸点约在160摄氏度，而水的沸点只有100摄氏度，比橄榄油低，因而水会先达到沸点而被蒸馏出来，那么留在原蒸馏容器中的物质会是橄榄油吗?

实验的结果并不是如此。我们会发现蒸馏出来的水中都会带橄榄油的味道，也就是说，在水被蒸馏出来的同时，也有橄榄油同时被蒸馏出来，因此我们没有办法利用蒸馏这个方式来有效分离与水“互不相溶”的橄榄油。

水蒸气蒸馏有一个特性，就是当待蒸馏的混合溶液中含有水和与水“互不相溶”的物质时，当水汽化成水蒸气被蒸馏出来时，会把跟水“互不相溶的挥发性物质”也一起蒸馏出来。就是这一个特性，让我们能够运用加水蒸馏的方式，将植物里面的精油（不溶于水）与水一起蒸馏出来。

在这里列举三种玫瑰精油中的挥发性成分来说明，

醇类：苯乙醇，沸点219.5摄氏度，略溶于水。
酯类：乙酸香茅酯，沸点119～121摄氏度，不溶于水。
酚类：甲基丁香酚，沸点254～255摄氏度，不溶于水。

苯乙醇、乙酸香茅酯和甲基丁香酚，三者都是玫瑰精油中含量算高的成分，这三种物质有着不同的沸点，但都与水呈现“几乎不互溶”的状态。而运用水蒸气蒸馏的特性，当我们将玫瑰进行水蒸气蒸馏时，在水的沸点100摄氏度的时候，就可以将沸点119～121摄氏度、219.5摄氏度以及254～255摄氏度的这三种物质与水同时被蒸馏出来，而不需要等到加热到这三种物质的沸点。

也就是说，我们可以利用水蒸气蒸馏的这个特性，把植材中全部“与水不互溶”的挥发性成分都利用水蒸气蒸馏法在水相对较低的沸点下同时蒸馏出来。总的来说，水蒸气蒸馏的方式，适用于“具有挥发性的”、在“水蒸气蒸馏的温度下不与水发生反应”并且“难溶或不溶于水”的成分，可以将其蒸馏出来。

按照顺序了解蒸馏的原理以及水蒸气蒸馏法运用在蒸馏植物中的特性后，在这个章节中，要把植物中哪些活性成分可以被蒸馏出来？什么成分又会被留在蒸馏底物之中？做一点简单的分类与归纳，分成以下两个类别来说明。

挥发性与非挥发性成分

不论在本书的章节中或网络上与蒸馏相关的文章中，都常常看到“挥发性成分”这个名词，那么什么是挥发性呢？挥发性是指液态物质在低于沸点的温度条件下转变成气态的能力，以及一些气体溶质从溶液中逸出的能力。

具有较强挥发性的物质，大多是一些低沸点的液体物质。按照世界卫生组织的定义，沸点在50～250摄氏度的化合物，在常温下化合物的状态可以以蒸气形式存在于空气中的有机物，称为挥发性有机物。

简单来说，当你可以在不同的距离都能闻到某一个东西的味道时，我们就可以说它是挥发性物质，其中含有一种或是多种“挥发性成分”，就像是咖啡、茶、酒等。距离远也能够闻到它的味道，就代表它的挥发性强、蒸气压大、沸点低。

就算把鼻子凑在容器前方用力嗅闻，我们也没办法分辨哪一杯是盐水哪一杯是糖水？这是因为盐水和糖水都是闻不到味道的，而盐水跟糖水就是我们称的非挥发性物质。

蒸馏所能够蒸馏出来的产物，一定是属于挥发性物质，非挥发性物质是蒸馏不出来的。当我们把海水晒干之后，海水中的盐会因为水分渐渐蒸发而结晶析出，并不会随着蒸发的水分一起被带出来。

因此，蒸馏的产物一定是挥发性物质！
这是第一个重要的概念与分类。

水溶性与非水溶性成分

水溶性成分泛指可以溶于水或与水互溶的成分，非水溶性成分就是指不溶于水或与水不能互溶的成分。

有了上述的概念，我们就可以对蒸馏的产物与底物（留在蒸馏器中的溶液）加以分类。

蒸馏出来的精油：挥发性、非水溶性的成分。
蒸馏出来的纯露：挥发性、水溶性的成分。
蒸馏的底物：非挥发性的、水溶性和非水溶性的成分。

{玫瑰花蒸馏产物化合物分类图例}

[玫瑰精油]
挥发性、非水溶性成分

醇类	香茅醇、香叶醇、芳樟醇
萜烯类	金合欢烯、大根香叶烯
酯类	乙酸香茅酯、乙酸香叶酯
醛类	柠檬醛、壬醛、庚醛
酮类	2-十三酮
酚类	甲基丁香酚
酸类	无
醚类	玫瑰醚

[玫瑰纯露]
挥发性、水溶性成分
并混溶少许精油

醇类	苯乙醇、香茅醇、香叶醇
萜烯类	柠檬烯、香叶烯
酯类	乙酸苯乙酯、乙酸薄荷酯
醛类	苯甲醛
酮类	异薄荷酮、右旋香芹酮
酚类	丁香酚、甲基丁香酚
酸类	苯乙酸、苯甲酸、香叶酸
醚类	玫瑰醚

[玫瑰花蒸馏底物]
非挥发性成分

多糖类、还原糖类、多酚类、黄酮类、植物色素

按照压力来区分

压力是影响蒸馏过程的重要因素，一般来说可以分为：减压蒸馏、常压蒸馏和加压蒸馏。

1. 减压蒸馏

减压蒸馏需搭配能提供减压环境的机器（如水流抽气机、真空泵）与耐压的容器，在低于一个大气压（负压）的环境中进行蒸馏。在负压的环境中，各物质的沸点会随着真空度的加大而降低。

例如，市售的水流抽气机在水温5摄氏度时，约可以减压至20毫米汞柱，此时水的沸点可以降到27摄氏度左右；也就是说，在负压的环境下，只要提供少许的热源，就能够让水到达沸点而汽化，而不需要加热到100摄氏度；同时，植材中待蒸馏的化合物的沸点也会降低，故减压蒸馏时的温度比较低，对于热敏性化合物的破坏较少，因而产物中含氧单萜的比值会比较高。

含氧单萜（醇、醛、酮、酚、醚、酯）特别是萜醇类具有很优良的香气品质，所以减压蒸馏所获得的精油虽然比常压蒸馏少，但是香气品质与化学组分会优于常压蒸馏。

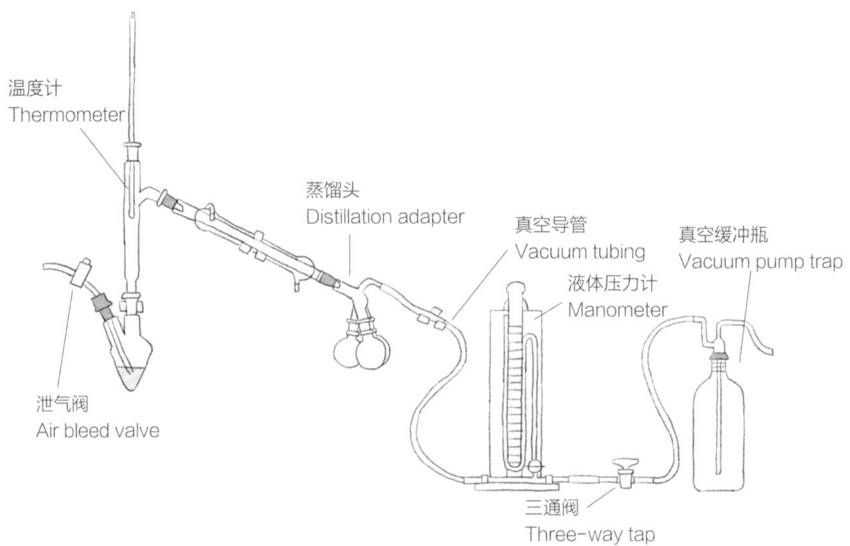

{实验室减压蒸馏设备}

2. 常压蒸馏

铜锅常压蒸馏

这是最常用，也是我们DIY最适合使用的蒸馏方式，是在一个标准大气压力下进行蒸馏。

任何材质、任何形状的蒸馏器，一定都会有一个蒸馏产物的馏出口，这个蒸馏产物的馏出口，除了让蒸馏的产物从这个部位导引出来以外，它还有一个非常重要的功能——连通大气，因为蒸馏器有了蒸馏出口可以连通大气，才可以保持蒸馏器内部的蒸馏环境处在常压的状态，而不会造成加压的环境。

进行蒸馏时，保持这个蒸馏出口的通畅是一件很重要的事情，绝对不可以让蒸馏在完全密闭、与大气不连通的状态下进行蒸馏，否则蒸汽压力在蒸馏器内部堆积，压力上升，会造成常压的蒸馏形态改变，甚至会造成危险。

我们可以仔细观察厨房用的锅盖，材质比较轻的盖子，当蒸汽压力过大时，蒸汽的力量可以直接将它顶开，因此不需要设计一个小孔来连通大气；但如果是材质比较重的锅盖，它一定会设计一个小孔用来连通大气，同时释放锅内的蒸汽。

压力锅的设计，则是在盖子上设计一个蒸汽出口，平常的时候是关闭的，让蒸汽无处宣泄，制造加压的环境，而当锅子里的蒸汽压力达到设计的上限时，蒸汽的压力就会将这个蒸汽出口顶开，连通大气，排出过高的蒸汽压力，这些原理其实都是相同的。

3. 加压蒸馏

所谓的加压蒸馏，就是在超过一个标准大气压的环境下进行蒸馏，而加压蒸馏环境的特点刚好与减压蒸馏相反。

我们可以把加压下所产生的蒸馏环境，想象成在厨房中烹煮食物常用的快锅或是压力锅，这些锅具的设计就是让食物在加压的环境下被烹煮。

我们在减压蒸馏中说到，水在真空的环境下，它的沸点会降低，相反的，水在加压的环境中，它的沸点是会上升的；而压力锅的设计，就是利用蒸汽无法向外发散的状态下会使锅内的压力升高，进而使水的沸点升高（超过100摄氏度，设计良好的压力锅可以达到120摄氏度以上），因为锅内的温度升高，所以能减少料理的时间。加压蒸馏也是同样的道理。

一般来说，DIY蒸馏几乎不会选择使用加压形式的蒸馏器具或方式，且有时会因为蒸馏器的设计不良（如蒸馏器的蒸汽出口过小、气体的路径导管管径太小太窄、加热过于猛烈等），造成蒸馏器内的蒸汽大量生成，却无法将大量的蒸汽有效导引出来，让蒸汽压力在蒸馏器内堆积升高，而形成非预期的加压环境；产生的蒸汽若无法顺利导出，有可能产生蒸汽爆炸，因此蒸馏时要随时注意蒸馏出口是否堵塞。

举例来说，加压的环境就像厨房里使用的压力锅、快锅，它的设计可以提供高于常压的压力，让水的沸点达到120摄氏度（甚至更高），以加快炖煮食物的效率。但我们在使用压力锅时最担心的（也是很多家庭不敢选择压力锅的原因），就是压力锅若是故障或操作不当，容易引起压力锅蒸汽爆炸。

在加压的环境下，所获得的精油其化学组分也会与常压不同。一些在较高压力和温度下较为稳定的成分（如苯乙醇、芳樟醇、香茅醇、橙花醇和香叶醇）比较容易被蒸馏出来，而单萜烯、长链酯类和倍半萜类的比例则降低，因为这些成分在较高的温度和压力下容易降解。

简单来说，就是热敏性的化合物，特别是香气成分，在加压蒸馏较高的环境温度下比较容易受到破坏，所以，加压环境可能会影响精油的化学组分和品质。

综合以上三种以压力来区分的蒸馏方式，其实就是利用不同的压力造成沸点的变化，利用这个特性来进行蒸馏。减压蒸馏的温度最低，常压次之，加压蒸馏的温度最高，这三种方式各有各的特点，也兼有优缺点，但一般DIY时，我们受限于减压与加压蒸馏都需要较多的设备，最常使用也最便利的方式就是常压蒸馏。

按照植材装填的方式来区分

我们常用水与植材装填的方式不同来区分精油与纯露的蒸馏萃取方式。最常使用的方法包括水蒸馏（共水蒸馏）、水蒸气蒸馏（水上蒸馏）两种形式。

1. 水蒸馏（共水蒸馏）

我们也把水蒸馏称为共水蒸馏，因为这个方法就是将待蒸馏的植材和水浸泡混合在一起，水面的高度一般来说会完全淹没植材，然后将蒸馏器中的水分加热至沸腾。

水蒸馏法中，含精油成分的植物先分散于水中，植物可能漂浮于液面上或是分散在液体中，再用不同的加热方式加热水及植物，过程中含有精油成分的植物直接接触沸水，而且水蒸气会将精油从植材中释放出来，之后再冷凝收集。

这个方式由于水的缓冲作用，蒸馏的速度比较慢。同时，共水蒸馏的方式也有一个较大的缺点，就是植材接触过热的容器表面，同时植材一直在过热的温度持续煮沸，会造成热敏性的香气物质被大量破坏，严重影响蒸馏产物的品质。

此外，如果加热的方式选择得当、相关设备较为精密，可以精准控制蒸馏器内的温度，共水蒸馏的方式是可以在温度低于100摄氏度下进行的，低于100摄氏度的温度下仍有水及挥发性物质会被蒸馏出来，只是在相对的低温下，液体受热汽化的量相对变得很小，蒸馏速度就会变得很慢，但是蒸馏温度降低可以改善精油品质。

玻璃蒸馏器 共水蒸馏
台湾桧木精油纯露

玻璃蒸馏器 共水蒸馏
晚香玉精油纯露

所以，蒸馏时加热温度与蒸馏的速度控制是一个很重要的因素，我们会在后面的章节慢慢学习到较佳的温度与速度的控制方法。

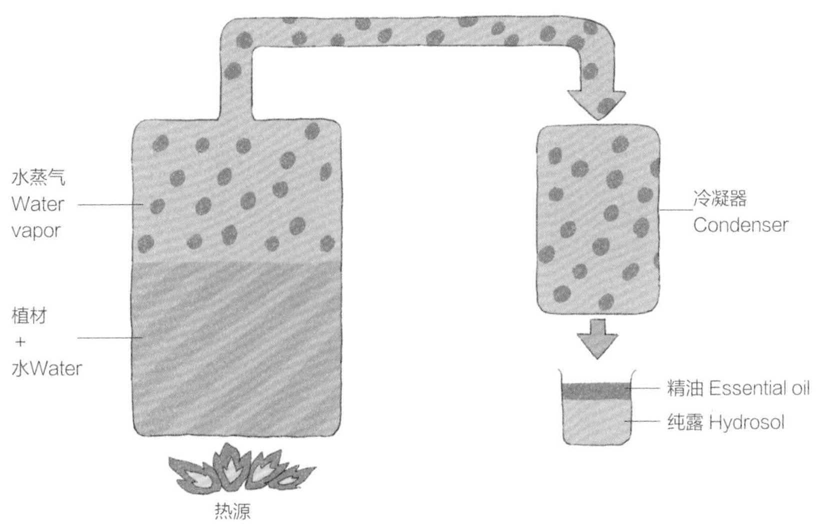

{水蒸馏/共水蒸馏}

2. 水蒸气蒸馏（水上蒸馏）

这个方式我们把它称为水上蒸馏，是最为简单、也最为常用的蒸馏精油与纯露的方式。

水上蒸馏与共水蒸馏最大的不同点在于植材的摆放位置，共水蒸馏是将植材与水混合、浸泡在一起，而水上蒸馏则是将植材与水分开来放置。

适用于水上蒸馏的蒸馏器，会设计将植材放置于孔洞状隔板上或设计有效分隔植材与水的装置。植材会位于蒸馏器的上方，而下方则设计成装水的位置。

蒸馏时，单纯加热下方盛装有水的部分，使之产生水蒸气，水蒸气通过孔洞状的隔板或是类似的设计，上升至上方的植材层，以水蒸气的温度加热上方植材，蒸馏器内整个蒸馏环境是湿润且饱和的，低压的蒸汽会渗透植物，通过蒸汽的温度加热，进而将精油、纯露等挥发性物质一起蒸馏出来。

这个方式由于蒸馏器加热的部分只会单纯和水接触，接触不到植材，植材只受到加热上升的水蒸气加热，不像共水蒸馏在过热的加热环境下持续被加热，因此许多对热敏感的香气物质不会被高温所破坏。

所以，水上蒸馏的方式获得的精油与纯露品质相对会比较好，蒸馏速度也比共水蒸馏来得快，同时，这个方式也是最为适合DIY的蒸馏方式。

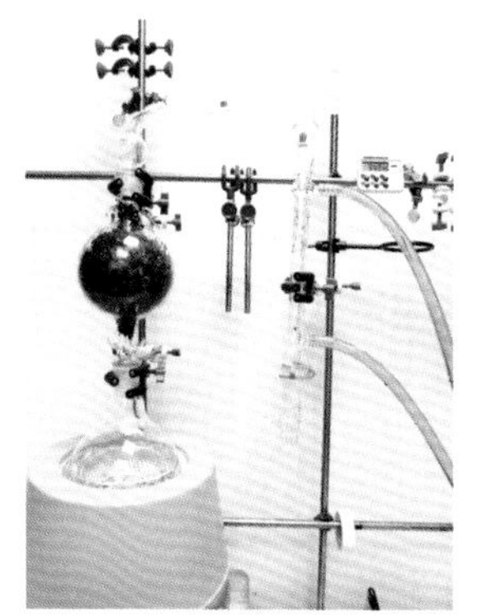

玻璃蒸馏器
水蒸气蒸馏
玫瑰精油纯露

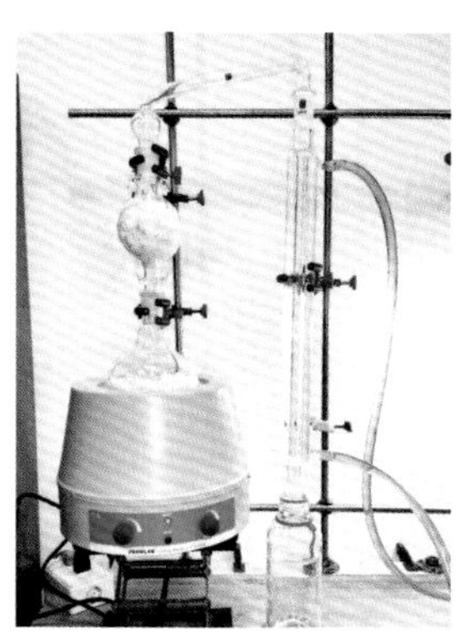

玻璃蒸馏器
共水、水上蒸馏混合应用
姜花精油纯露

玻璃蒸馏器
共水、水上蒸馏混合应用
姜花精油纯露

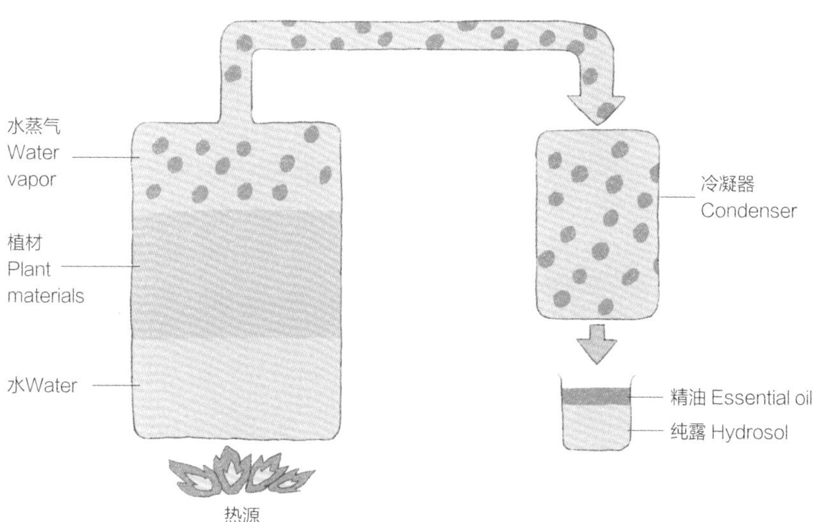

{水蒸气蒸馏/水上蒸馏}

1-2 浅谈蒸馏器的材质、结构与设计

蒸馏器材质比一比（铜、不锈钢、玻璃）

目前市场上所能选择的蒸馏器，一般为铜、不锈钢、玻璃这三种。这三种材质所制成的蒸馏器，各有什么优劣之处？我们又该如何在三种材料中做出选择呢？就从下面的章节来简述。

关于热能传导的考量

蒸馏过程中，加热与冷却是两个重要的单元，在蒸馏装置中，装载原物料并受热的蒸馏器以及管道后端提供散热的冷凝系统，如果热能传导速度快、效率高，就意味加热所消耗的能源与冷却系统中散热用的水量都可以更为节省。

所以，在材质的选用上，导热系数（Thermal Conductivity）是一个参考的条件。

导热系数的单位是：W/（m×K）
W指的是热功率，单位是瓦
m代表长度，单位是米
K是热力学温度的单位，也可以用摄氏度来代替
数值越大，代表导热的性能越好。

铜、不锈钢和玻璃，是三种较常见的蒸馏装置材质。而这三者的导热系数分别为

铜/紫铜/无氧铜：390～401
304/316不锈钢：16.3～17
玻璃：0.75～1.05

铜的热传导能力是不锈钢的24倍，与玻璃更是相差将近400倍。因此在考虑热能传导效率的条件下，选择用紫铜或黄铜来制作蒸馏容器以及其管路、冷却系统，效能都大幅度领先不锈钢及玻璃材质的蒸馏装置。

关于蒸馏产物的品质与气味的考量

关于蒸馏装置的材质对于蒸馏产物的影响，是另一个较多讨论的考虑方向。以蒸馏精油的历史来看，一些造型经典沿用至今的蒸馏器，其材质大多是全紫铜（少许的管路连接件可能用黄铜）；到底铜制的蒸馏器对蒸馏出来的精油和纯露，有什么特殊的影响或是优势？铜制蒸馏器蒸馏出来的产物，是不是在品质上就是比较好呢？

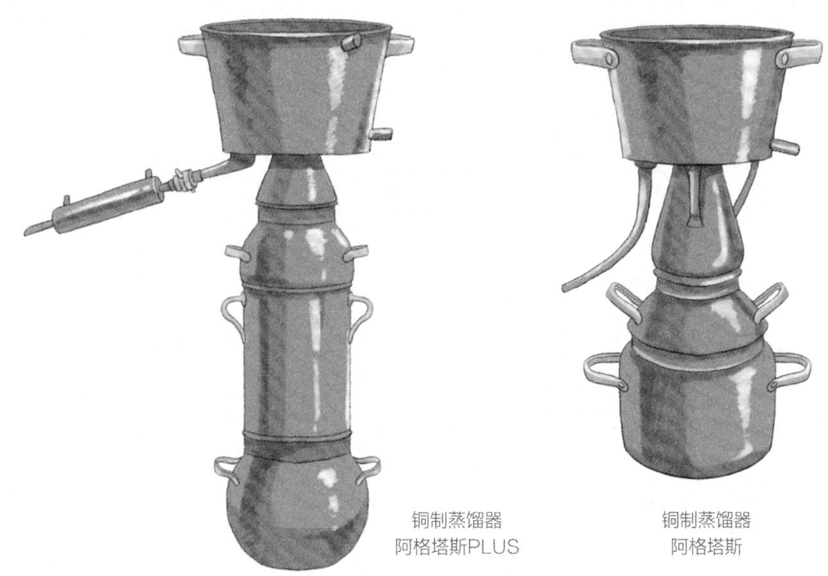

铜制蒸馏器
阿格塔斯PLUS

铜制蒸馏器
阿格塔斯

铜制的蒸馏器，在蒸馏的过程中会有铜离子解离。而这些解离出来的铜离子在蒸馏的过程中会去抓住含硫的化合物，以致一些高挥发性的含硫化合物会吸附在铜制蒸馏器的内壁，从而不会被蒸馏出来。这些含硫化合物通常都具有比较辛辣刺激的气味，甚至让人感觉到臭味。

铜制的蒸馏器确实有抓住含硫化合物的化学特性，在制造威士忌、葡萄酒等蒸馏酒类的工艺过程中，有“非铜莫属”的必要。

制酒工艺的前段，利用酵母菌在葡萄、谷物原料中进行发酵，将糖分转化成酒精。在这个发酵过程中，会有许多含硫的化合物以副产物的形式生成（如二甲基三硫、硫化氢以及二氧化硫）；制酒工艺后段的蒸馏过程，就必须将这些会影响酒质的含硫化合物移除，而最为有效的解决方式就是使用铜制的蒸馏器。所以，威士忌酒厂都以铜制的蒸馏器作为不二选择。

这个特性运用在蒸馏精油及纯露的时候，可能就不是“非铜莫属”的状况了。如果萃取的是茉莉、玫瑰类重香气的精油，甚至取得产物后也是着重于香气的运用，那么当然可以使用铜制蒸馏器来去除含硫化合物，以得到较为芳香的产物。

但是，别忘了，植物精油的化学成分主要分为四大类：萜烯类化合物、芳香族化合物、脂肪族化合物以及其他类化合物。其他类化合物就是指含硫化合物以及含氮的化合物。如大蒜精油中的大蒜素（二烯丙基三硫醚）、二烯丙基二硫醚、二烯丙基硫醚、黑芥子精油中的异硫氰酸烯丙酯、柠檬精油中的吡咯与洋葱中的三硫化物等。

必须考虑的是，蒸馏这些精油的同时，铜制蒸馏器捕捉含硫化合物的特性，是否造成这些活性成分的损失？同时，精油中这些含硫的化合物，通常都有很强的抗菌性、抑菌性、抗肝毒性和抗衰老的特性，损失岂不可惜？因此，如果是要蒸馏酒，那么选择铜制器具是正确的，但是若要蒸馏精油或得到纯露，就并非只能选择铜制蒸馏器！

2017年9月拍摄于巴黎画家莫奈故居，
厨房中锅具皆为铜制

不过，在经过数年蒸馏过程的经验累积下，在实操中我还是会选择铜制蒸馏器来制作精油与纯露。尤其是花朵类植材的香气，铜制蒸馏器蒸馏所得的精油与纯露，明显优于其他两款材质且气味细致；铜制蒸馏器的美感，也有额外加分。

教授蒸馏课程时，每次都会选用自家栽种的玫瑰当作上课的植材，课程中我刻意安排将同一批玫瑰使用玻璃与铜锅两种不同材质的蒸馏器进行蒸馏，然后将收集到的玫瑰纯露给参加课程的学员进行感官评价（评价过的学员总人数50人以上），得到的结果一致认为铜锅蒸馏的玫瑰纯露香气获得压倒性胜利。

同样的植材，同样的蒸馏工艺，所得的玫瑰纯露，在香气的感官评价中却有显著的差异，这个实际的测试结果也为大家作为挑选蒸馏器材质提供参考。

除了蒸馏器的材质会影响蒸馏产物的组分与品质以外，蒸馏器的结构设计，也是另一个至关重要的因素。下面，我们就来讨论关于蒸馏器结构与外形的设计会对蒸馏有什么影响。

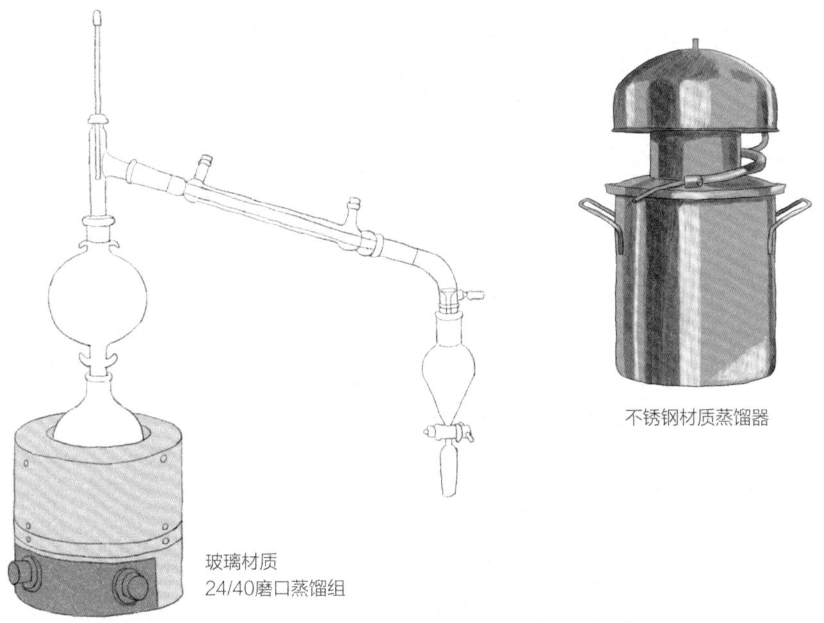

不锈钢材质蒸馏器

玻璃材质
24/40磨口蒸馏组

蒸馏器的结构与设计

在本章节中会介绍我精挑细选，也是日常授课和DIY自制精油、纯露的铜锅，让大家理解它的设计概念与结构，同时分析一下有哪些设计要点。通过这个章节的介绍，你应该能够了解什么样的蒸馏器，才是比较适合拿来制作精油与纯露的蒸馏器。

下图这款蒸馏器的设计源头，来自于莱昂纳多·达·芬奇（Leonardo di ser Piero da Vinci，以下简称达·芬奇）的手稿，后经各家厂商在各部件上稍作修改后成型。

虽然这款蒸馏器的原始设计理念是几百年前的产物，但是伴随着近代化学的成长与蒸馏技术、器具的进步等在各方面的印证，表明此类设计的蒸馏器外形依旧是相当优良的设计。

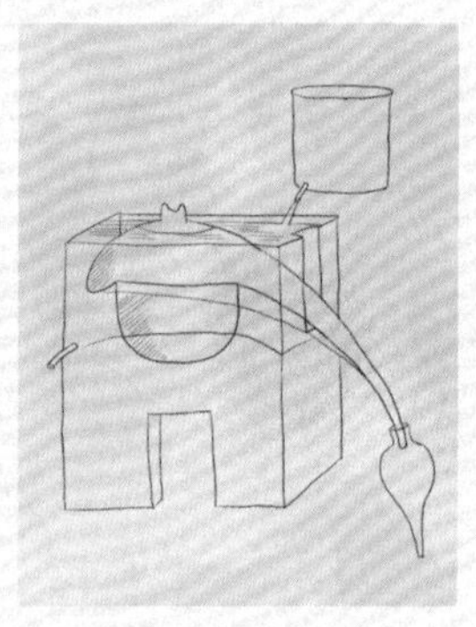

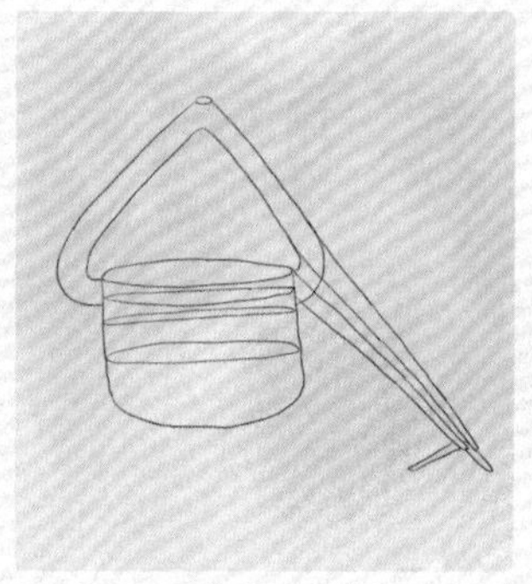

达·芬奇蒸馏器结构手稿示意图

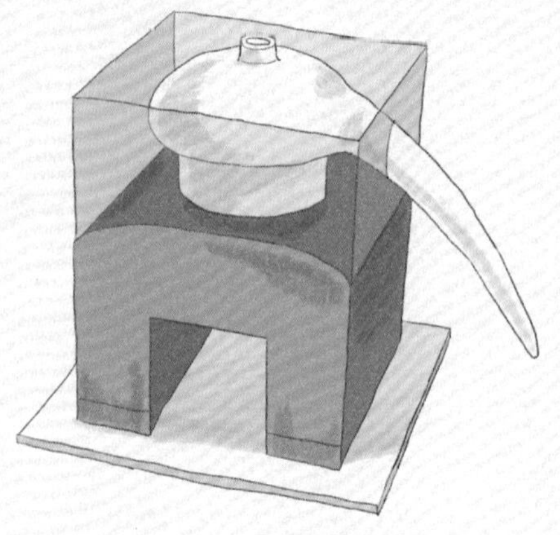

按照达·芬奇手稿所制成的成品示意图

以下以阿格塔斯2升的铜锅为例，来说明各部件设计的优缺点。

蒸馏器一般可分解为三个部分：
装载蒸馏水的部分、充填植材的部分以及冷凝的部分。

阿格塔斯2升红铜蒸馏器，最下方装载蒸馏水的部分，最大容量就是2升（需要较大升数可选择其他较大容量），而我们实际蒸馏植材时，蒸馏水的添加，则以1.5～1.6升的水位较为合适。

中间的部分则是充填植材的位置，与下方装载蒸馏水的部分，设计有一相同材质的铜制大孔洞筛网，能有效将植材与水隔开，并允许下方产生的蒸气流畅地向上通过。这个部分的设计，优点在于外形不会过窄也不会过高，并且在其上端连接冷凝部分开口的口径也够大，不但充填植材时非常方便，也可以有效避免不利于蒸馏产物品质的回流状态。

阿格塔斯
2升铜锅

装载水与充填植材这两个部分，容量是要相互搭配的，就如在1-3如何选购一款精油、纯露的蒸馏器单元中（请参考P.25）所说明的，两个部分其中任何一个部分容量过大或是过小，都是不好的设计。阿格塔斯2升在充填植材的部分，约可以装载约300～400克的植材。

最后一个部分，就是最上方装载可循环的冷凝水，提供足够冷凝效果的冷凝部分。冷凝的部分直接设计在蒸馏器最顶端是最省操作空间的设计，还有它形状类似“巨蛋体育馆”的大型圆顶设计，可以提供上升蒸气最大的冷凝接触面积和最好的冷凝效果。

此款蒸馏器的三个部件，相互连接的时候非常方便，并不需要使用一些辅助的金属环箍、扣件、紧固件、硅胶圈来连接、稳固或是提高气密性。只需简单地将其组合，就能够达到稳固、气密的效果。

组合简单，各个部件都合乎蒸馏原理的设计思路，就能让蒸馏所得的精油与纯露的品质与香气都高人一等，也十分推荐初学DIY萃取精油、纯露领域的人使用。

{阿格塔斯蒸馏器分解图}

铜锅在使用前，必须先完成一项重要的工作，也就是彻底清洁，去除铜锅表面一些无机化合物，例如硫酸铜、碳酸铜，也就是俗称的“铜绿”。

铜绿是因为铜与空气中的氧、水和二氧化碳反应所生成，全新的铜锅在制造时，少部分组件必须焊接，这时就要使用助焊剂，助焊剂是油性物质，焊接完毕后容易残留在焊接位置表面，因此我们必须先以开锅的程序去除这些油性物质。

此外，如果铜锅放置了很久都没有使用，再次使用前，也必须先观察一下铜锅内部的表面是否有这些无机化合物生成，最保险的做法就是依照下列步骤，先进行一次清洁然后再蒸馏。

铜制蒸馏器的开锅

材料

❶ 自来水或蒸馏水

❷ 裸麦面粉（rye flour）

裸麦面粉的用量，大约是铜锅装水容量的5%～10%。例如10升容量的铜锅，大约需要0.5～1.0千克的裸麦面粉。

步骤

1. 先在铜锅内倒入约四分之三的蒸馏水，再开大火进行加热，如果是以电热为加热方式，就将旋钮转至功率最大的位置，直到水开始沸腾。
2. 水沸腾后，立即将大火转为小火，电热炉则将旋钮转至功率较小的位置。让沸腾的水稳定维持在微微沸腾状态（类似煨汤的沸腾状态），然后取适量的裸麦面粉倒入锅中，先以木制的汤匙稍作搅拌。
3. 接下来，在铜器上半部分（接收部位及冷凝部位）稍微施加一点压力，将它与铜锅下半部分连接在一起。
4. 确定连接好后，接上进出水管（下方进水、上方出水），开启水泵或水龙头，开始让冷却水循环。
5. 接着，将燃气或电热器改为中火或中等的功率，进行加热。保持这个加热的程度，直到铜锅内70%～80%的水都蒸馏出来后，关闭燃气或电源。

6. 关掉热源后，让铜锅稍微冷却，不再有蒸气上升后，再以耐热手套或湿毛巾辅助，将铜锅的上半部分与下半部分分离开。
7. 拆除进出水管后，趁热用冷水搭配毛巾或海绵，冲洗铜锅上半部分的外侧，并用冷水冲洗、注满铜锅内部，直到接收管路不断有水流出，将内部与管路也冲洗干净。
8. 最后，趁热以同样的方式将铜锅的下半部分，以冷水将内部残余的裸麦面粉及容器内外表面清洗干净，就完成了整个清洁的过程。如果发现铜锅内部还有不干净的地方（特别是铜锅上铆连接的接合处），可以用干的裸麦面粉搭配较粗糙的麻布或较细的百洁布（使用过的，新的则先拿去水泥地板上磨软它）局部进行加强清洁，应该就能清洁干净。
9. 完成以上程序后，用少量的自来水或蒸馏水再蒸馏一次则效果更好。

注意事项

1. 加入的水量约为四分之三，不要超过四分之三。

2. 加入的裸麦面粉的量为铜锅容量的5%～10%。

加入过多的水和裸麦面粉，容易造成液面过高，上方缓冲的空间不足，使裸麦面粉向上冲至铜锅接收部分的开口部分；如果堆积造成阻塞，会导致锅内压力升高，引发危险。

蒸馏过程中，要注意是否有水持续稳定被蒸馏出来，如果发现没有水蒸馏出来，应该立即检查是否有加热火力中断的问题？如果火力没有中断，那么就有可能是容器上升气体的开口部分有堵塞而导致，建议立即关上加热火源，等冷却后打开检查是否真的堵塞，如有堵塞需进一步清除堵塞，调整减少水量与裸麦面粉的量后，重新开始加热的程序。

蒸馏过程中，千万不要让铜锅内的水完全蒸干，以免锅内的面粉干烧、烧焦。

载水容量10升的铜锅，加入最多7.5升的水，裸麦面粉的量则最多为0.75千克，收集到蒸馏出的水量为5～6升时，即可停止加热。

铜锅的清洁

1. 去除油污

收到新铜锅后，原厂建议使用裸麦来进行首次蒸馏，完成“开锅”程序。它的主要目的在于利用裸麦容易吸附油脂的特性（就像在烹饪猪肚前，最好的方法就是用面粉来清洗，此法容易洗去其油脂），去除铜锅在制造时所使用的助焊剂或沾污在铜锅表面的一些油性脏污。

但是，如果蒸馏铜锅内侧所有的表面，包括蒸汽的通道，都能直接用清洗碗盘的海绵，或是可以任意弯曲角度的海绵刷具接触刷洗到的话，就可以用洗碗用的清洁剂，将所有内侧表面、较难刷洗的沟缝，都用海绵刷洗干净即可，不一定要使用裸麦来进行蒸馏。

另外，刷洗的时候使用温水效果会比较好，往后蒸馏完毕要清洗锅具时，最好也是在铜锅还有余温的时候清洗，才能事半功倍。

小提醒/

用裸麦来进行开锅的程序，虽然并非必要，但若铜锅款式有难以接触、刷洗到的缝隙或蒸汽路径，还是建议使用裸麦来进行一次以清洁锅具为目的的蒸馏；如果是首次购买铜锅、初学蒸馏的人，使用裸麦来进行初次蒸馏，也是一次很好的练习机会。

2. 去除氧化表面

铜锅蒸馏后或平时放置久了，表面都会氧化，颜色变深、变黑，不管内壁或外侧都一样。这时候，要去除这些氧化层最好的方法就是用柠檬＋盐巴轻轻刷洗，食用醋也可以（但是效果远不及柠檬＋盐巴）。

如果是难以接触到的缝隙或蒸汽路径，也可以用柠檬汁加以浸泡；想要加快反应的速度，可以用温热的柠檬汁，温度越高反应速度越快。

小提醒/

用柠檬＋盐巴清洗锅具氧化层之后，最好用洗碗的清洁剂把表面再冲洗一遍，将残留的柠檬汁洗掉，并立即用干布把锅具擦干，这样的效果最好。若有残留的柠檬汁与水渍，可能会使刚清洗完的锅具没几天又大量变黑、变色，被氧化。

使用柠檬＋盐巴清洁铜制蒸馏器

清洁铜锅的油污和清洁铜锅的氧化表面是两个不同性质的清洁内容。用洗碗的清洁剂可以去除油性脏污，但不能去除氧化的表面；而使用柠檬可以去除氧化的表面，并不能有效去除油污，就像我们不会拿柠檬汁去清洗碗盘一样。

综上所述，去除油污和去除氧化表面这两个步骤的清洁目的并不相同，可以按照铜锅的状态，进行所需的清洁步骤。

铜锅使用注意事项

铜锅的导热性相当好，一般来说，在加热的过程中，只要使用小火就可以提供足够的热量；也因为导热性非常好，千万不能让铜锅处于干烧的状态，否则容易损坏铜锅的接合处。

1-3 如何选购一款精油、纯露的蒸馏器

选购蒸馏器的条件

上一个章节讨论了蒸馏器的材质，这个章节就来讨论蒸馏器的外形以及到底该如何选购一款适合用来蒸馏精油与纯露的蒸馏器。

兼容多种蒸馏法的设计

蒸馏器的设计构造，一定要把放置植材的部分与储存蒸馏水（提供蒸气）的部分分隔开来，也就是说它的设计要在操作共水蒸馏的同时也能操作水上蒸馏或水蒸气蒸馏。

市面上某些蒸馏器的设计只能操作共水蒸馏而不能操作水上蒸馏，我们在选择上最好挑选两者都可以使用的蒸馏器。

宽广的开口

蒸馏器设计有较大的开口，方便植材填充及取出清洁。

黄金比例

蒸馏器装填植材的部分和储存蒸馏水当作蒸汽来源的部分要有合适的比例。

后续章节会讲述到的蒸馏条件中，有一项重要的项目“料液比例”，最大的料液比例可达到1：10甚至1：12，即100克的植材需要1200毫升的蒸馏水提供蒸汽，因此蒸馏器在装填植材跟储存蒸馏水这两个部分的比例就要适当。

如果植材装填空间过大而蒸馏水储存容量太小，将导致无法提供足够的水蒸气将植材内的精油完全馏出。

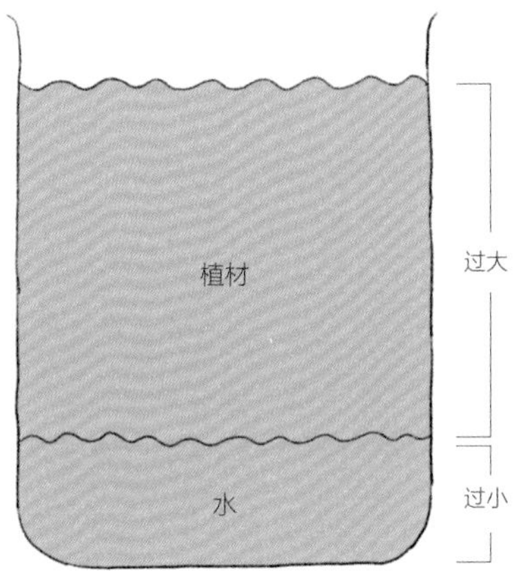

装填植材的空间过大，蒸馏水容量太小，无法提供足够的蒸汽到达蒸馏的终点

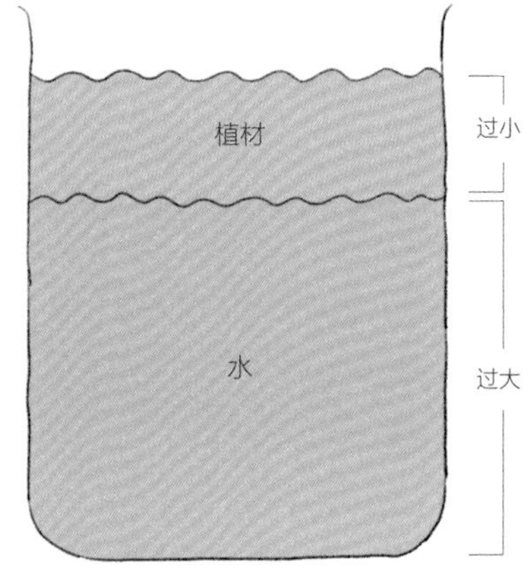

装填植材的空间过小，蒸馏水容量过大，到达蒸馏终点时蒸馏水还剩一堆

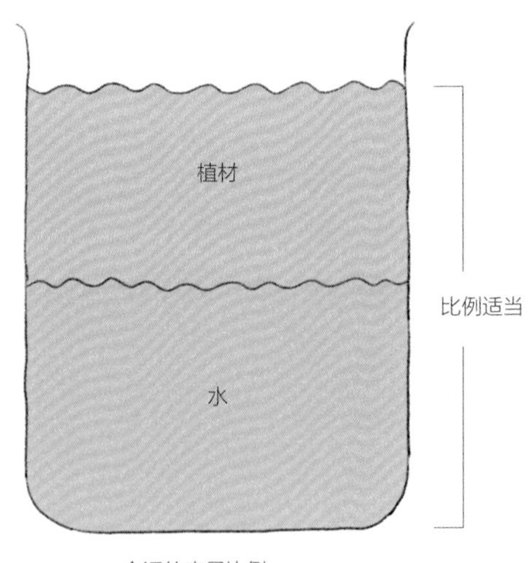

合适的容量比例

适宜的蒸汽出口与管径

蒸馏器上方蒸汽出口及导引蒸汽的管径，在不影响结构强度的状态下越大越好。蒸汽的开口太小或是导引蒸汽的管子太长或太细，都容易造成蒸馏器内部压力因堆积而上升，而压力上升会造成蒸汽的温度也随之上升，过高的温度会损坏许多对热敏感的香气物质与植物活性成分。

耐温与耐化性材质

蒸馏器组合件的材质要有一定程度的耐温性与耐化性（耐化学溶剂），例如连接或密封用的零组件、管子，应避免使用橡胶，因为橡胶的耐化性不高，耐温性也不好，会造成馏出的精油及纯露溶出橡胶，从而带有橡胶气味。

也要考虑这些蒸馏器上的密封胶圈，就和汽车上用来密封的胶条、胶圈一样，在高温的影响下，使用一段时间一定要更换。当你的蒸馏器胶质部分老化、破损后，是不是还能购买到相同的零件来更换？

注：塑胶类产品的管子或密封组件，比较好的材质是铁氟龙及食品级硅胶。当然最好的还是挑选一款蒸馏器，在设计上能完全避免使用这些密封零组件式，这样就少了许多维修的麻烦。

可负荷的能源费用

需考虑是否有和蒸馏器容量大小相配的热源，且此热源能够提供足够的火力或瓦数，火力或瓦数不足可能造成蒸馏时间过长，甚至无法有效馏出的状况发生。

DIY用的小型蒸馏器这方面的问题可能不大，如果你要购买的蒸馏器容量很大，那么就必须先考虑要搭配的加热来源是什么？是电力？烧柴火？还是蒸汽锅炉等。这些不同性质的加热设备，能不能提供足够的热能让蒸馏顺利的进行？同时也要考虑能源费用的问题。

请勿选择油水分离后会自动回流的蒸馏器

市场上有一种会自动将纯露引导回蒸馏器中再继续蒸馏的蒸馏器，这类蒸馏器主要的设计目的在于萃取精油而不是萃取纯露——由于蒸馏出来的纯露中都含有饱和的精油溶解或是悬浮在其中，所以它把收集到的纯露再次引导回蒸馏器中再进行蒸馏，让精油的萃取量能够达到最高。对我们这些把纯露也当成目标产物的使用者，这款蒸馏器显然是不适合了。

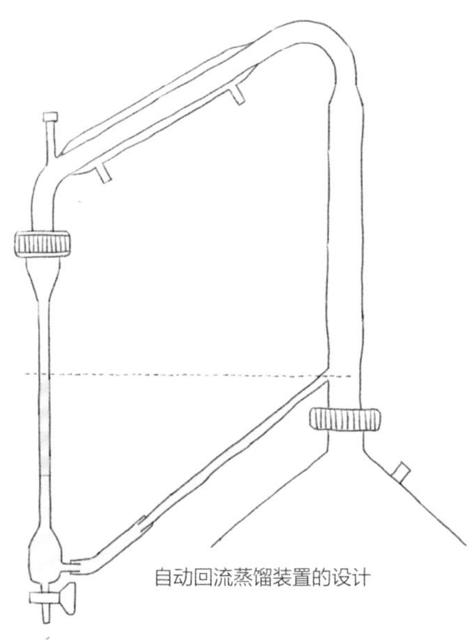

自动回流蒸馏装置的设计

选择可以控制加热速度的蒸馏器

市场上有少许蒸馏器的设计属于一键式，也就是像家中烧水壶一样，按下去就会自动加热至沸腾，这类蒸馏器无法控制加热的火力与速度，但在蒸馏条件中蒸馏速度的掌握也是一项至关重要的关键因素，所以别挑选无法控制加热火力的蒸馏器，这会限制你蒸馏工艺的进步。

选择有信誉的商家

如果没把握选择适合的蒸馏器，建议咨询有信誉及具专业度的厂商或卖家，避免错误的选择让蒸馏DIY的过程出现许多麻烦与困扰，打击DIY的信心。

蒸馏『精油与纯露』和『酒类』大不相同

市面上蒸馏器的用途，不外乎分为两大类，一类是蒸馏精油与纯露用的，另一类则是蒸馏酒类的蒸馏器。这两者之间有什么差别？我们是否可以从外形上判断蒸馏器到底是拿来蒸馏精油纯露还是蒸馏酒类的呢？可以从几个关键设计来教大家分辨。

首先，先来理解一个关于蒸馏的名词：回流与回流比。

回流是指上升的蒸汽无法顺利被导入冷凝的部分蒸馏出来，当它失去热量后，又从气态变回了液态，再次滴回到蒸馏系统中；而回流比就是指蒸馏出来的与滴回到系统里的比值。

举例来说，有10滴水受热成为水蒸气，只有2滴水蒸气顺利被蒸馏出来，而有8滴水蒸气又被冷却回到了液态滴回到蒸馏系统中，那我们的回流比就是2：8（1：4）。

对于蒸馏精油与纯露来说，回流比应该是越小越好——也就是蒸馏产生的蒸汽越多被蒸发，越少量的水滴回到系统中是最好的状态。滴回系统里的水，又得再反复被加热才能汽化，而植物里许多对热敏感的香气成分很容易被高温所破坏，反复加热不利于蒸馏品质。

同样的道理，当蒸馏器的外形设计得太窄或太高，其实都是不理想的。大量的上升蒸汽需要同时挤进一个窄门，才能顺利被蒸馏出来；上升蒸汽所要通过的路径太长，都容易在过程中因为失去热量而重返液态，重新滴回蒸馏系统中。

也就是说，会造成高回流比的蒸馏器，不太适合用来蒸馏精油与纯露，比较合适用来蒸馏酒类产物。

适合萃取精油、纯露的蒸馏器

适合蒸馏精油、纯露的蒸馏器设计，简单来说有两个设计重点。

1. 最短的蒸汽路径

上升的蒸汽经过植材后，要以最短的路径馏出。越长的路径，越容易造成回流，不利于精油、纯露的品质。

2. 最不易造成蒸汽塞车、回流的设计

蒸汽的出口、管径搭配适宜，让产生的蒸汽可以顺利引导出来，不会造成蒸汽过高的流速，也不会造成过多的回流，这类蒸馏器比较适合用来蒸馏精油与纯露。

适合蒸馏酒类的蒸馏器

蒸馏酒的蒸馏器回流比越高，所蒸馏出来的酒精浓度会越高，气味会越单一，因此蒸馏酒的蒸馏器会把回流比考虑在形状的设计中。也就是说，当你看到一款蒸汽路径比较长的蒸馏器，就是适合用来蒸馏酒类的设计。

所以，蒸汽路径的长短是可以用来判断蒸馏器用途的标准。

宜兰金车噶玛兰威士忌蒸馏器，蒸汽路径长

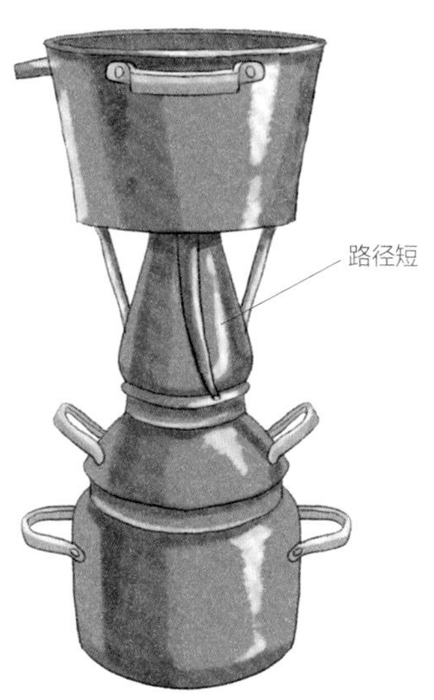

适合蒸馏精油与纯露的蒸馏器，
蒸汽路径较短，蒸汽开口较宽

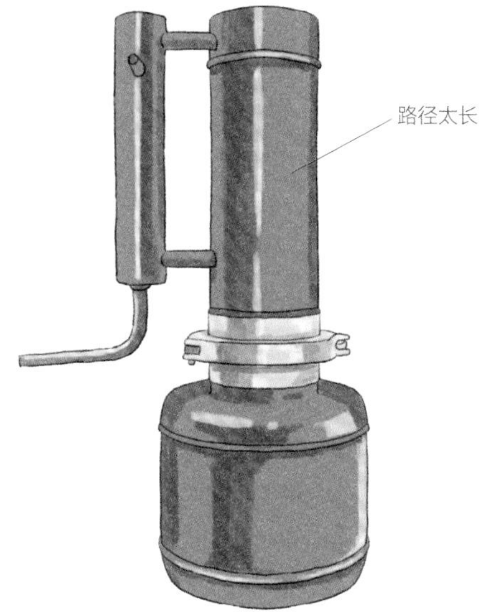

蒸馏酒类的蒸馏器，蒸汽路径长，
容易造成回流

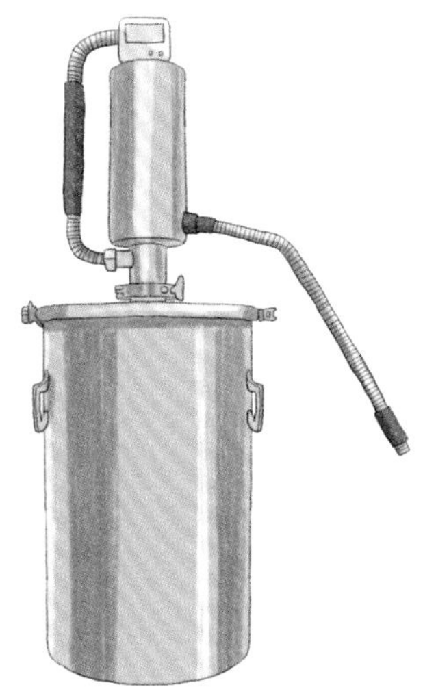

蒸馏酒类的蒸馏器，蒸汽路径长，
容易造成回流

冷凝系统的设计，也是可以用来判断蒸馏器用途的。

盘管式冷凝系统（虫桶冷凝系统）

有一种盘管式冷凝系统，威士忌圈通常称为虫桶冷凝系统，只要看到这个冷凝系统，一般都是适合蒸馏酒的蒸馏器。原因主要有以下几点。

1. 铜对话

蒸馏酒类的产物就是不同酒精浓度的乙醇，当然其中还带有许多香气化合物，甚至有些风味蒸馏酒会把香料植物和酒精一起蒸馏，产物中当然就含有许多挥发性物质（精油），这些化合物也是酒类香气的来源。

这些植物精油都是可以溶解在乙醇中的，当乙醇和这些化合物受热后汽化被蒸馏出来，进入冷凝系统时，不会吸附在冷凝系统的管壁上，可以顺利流过；同时，通过长长的盘管式结构，可以创造出更多威士忌圈常用的名词“铜对话”，也就是让乙醇蒸气跟铜有更长的接触时间，借由铜材质能吸附不良气味的特性，让蒸馏出来的酒气味更为香醇。

但是，蒸馏精油与纯露则不然，蒸馏出来的产物只有不溶于水的精油和纯露，精油的表面张力高，流动性也比较低，非常容易附着在容器壁上或管壁上，如果使用盘管式设计，过多的“铜对话”对于产物没有太大的帮助，反而会造成一大堆的精油附着在盘管壁上，让蒸馏产物流失。

2. 加长路径的冷凝系统

蒸馏酒类的产物是乙醇，它的沸点相对比水低，挥发性也比水高，比精油的挥发性高很多，所以它需要冷凝效率比较强的冷凝系统，以防止过多的乙醇蒸气无法有效冷凝而挥发，加长路径就是一个非常有效的方法，因此会设计成“盘管式”的蜿蜒结构，加长路径以增加冷凝的效果；蒸馏植材所得的产物是精油与纯露，它有挥发性，但不至于会因为挥发而造成损失，因此蒸馏精油与纯露的蒸馏器并不需要采用这项设计。

3. 蒸馏后的清洁

在蒸馏酒的盘管冷凝系统中，会流经它的唯一物质，就是不同浓度的酒精，基本上酒精就是最好的消毒溶液，同时没有附着的问题，不会对蒸馏后的清洁造成困扰；如果蒸馏精油或是纯露，一定会有大量的精油附着在盘管内壁，如何有效清洁就是一个大考验了，附着的精油不彻底清洁干净，残留的精油与气味，势必造成下一次蒸馏不同植材时的气味污染。

因此，盘管式冷凝系统这种设计较适合蒸馏酒类而不适合蒸馏精油与纯露。

当然，市场上还是有蒸馏精油却为盘管冷凝系统的蒸馏器，我想那是沿用年代久远的蒸馏器设计所致。年代久远的蒸馏器设计，较多采用盘管式的设计，也跟科技的发展有关，以前没有电力，没有能抽水、循环水的水泵，也还没有夹套式冷凝管的设计，在那个年代，蒸馏器的冷凝系统只能用加长路径的方法，设计成盘管的形式，再用一个大容量的冷却水桶来浸泡盘管，以达到冷凝效果。

盘管式的设计并非不能使用，只是对于蒸馏精油与纯露，它能带来的冷凝效果实在有限，却伴随着产物附着与清洁的问题。

铜制威士忌酒蒸馏器设计，蒸汽路径较长，中间凸出的球体设计，也是为了增加回流比

铜制威士忌蒸馏器的盘管式冷凝系统

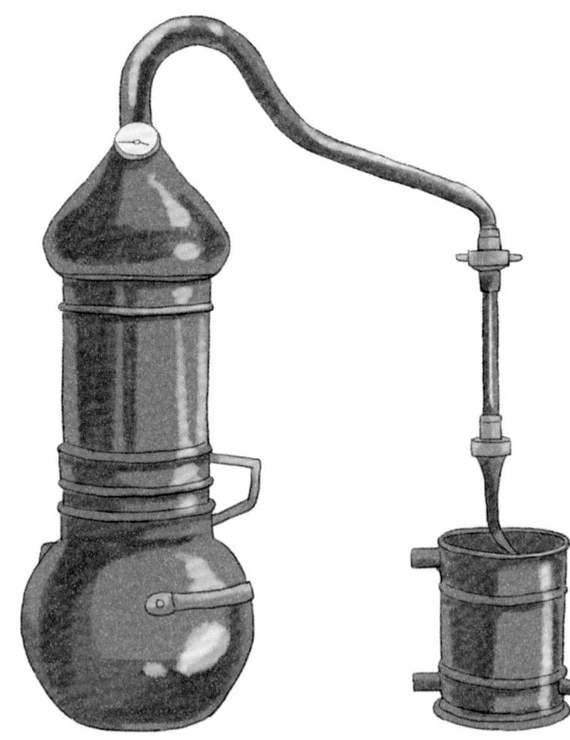

这款蒸馏器的外形设计最常被用来蒸馏酒，同时也被用来蒸馏精油。蒸馏出口的温度计可以测得蒸馏产物的沸点；按照沸点可以判断乙醇浓度以及蒸馏的进程。一般精油、纯露的蒸馏器，不需要温度计，图中这款带温度计的蒸馏器比较适合用来蒸馏酒

这款的外形跟上一张图是一样的设计，但是少了温度计，这款常被用来蒸馏精油与纯露，但其实它的外形与盘管式的冷凝系统比较适合蒸馏酒

不同外形设计的铜制蒸馏酒用蒸馏器，同样带有温度计，使用盘管冷凝系统

1-4 蒸馏前的准备工作

在这个章节中，希望让读者进行蒸馏前先了解要做哪些功课？希望读者可以认识蒸馏过程会使用到的一些器具，以及明白提升出油率的方法及原理。

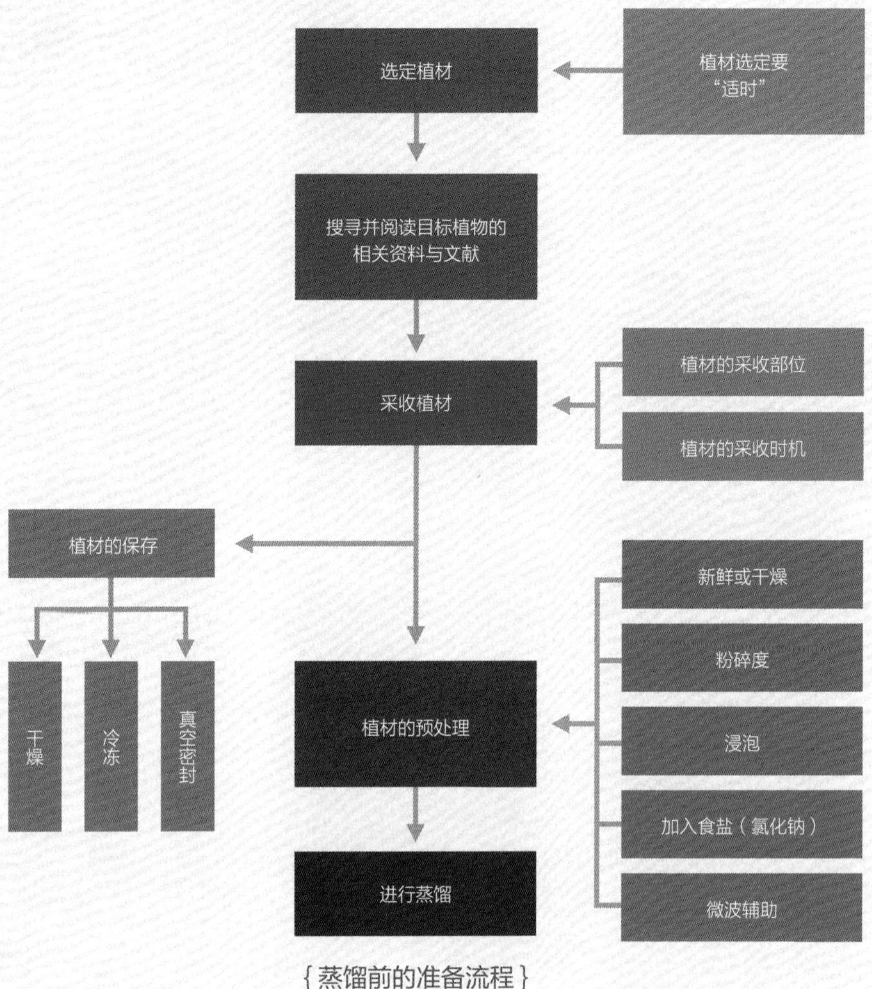

{蒸馏前的准备流程}

搜寻并阅读目标植物的相关资料与文献

选定想蒸馏的目标植物后，我们可以先通过网络去搜寻一些相关的资料文献或是社群网站中的经验分享，确认植材的特性、预处理方式（适合蒸馏的部位、是否需要干燥或是新鲜摘下即可使用，以及蒸馏前是否需浸泡、剪碎、清洗等）；也可以搜寻关于蒸馏目标植物所适合的料液比例、最佳的蒸馏时间、植材的萃取率是高或低等相关资料。同时，也要确认目标植材的精油与纯露成分的GC-MS*分析，知道制作出来的纯露或精油中的成分，才能更正确的利用。

本书列举了22种植材蒸馏的方法（请参考Chapter 2，其中2-21“柑橘属”在此处看作1种植材对待，书中后续提到此内容做相同处理），可以先阅读并参考这22种植材当中的内容去实际操作，这样就能先有个概念。

注：* 表示GC-MS 是指气相层析仪（gas chromatography，GC）与质谱仪（mass spectrometry，MS）两种仪器联用，它结合运用了两项重大的技术。

- 气相层析法 GC
  又称气相色谱法，是对易于挥发而不发生分解的混合物进行分离与分析的层析技术。

- 质谱法 MS
  是一种用来决定分子质量的技术，利用离子在磁场中移动的性质差异，仪器就可测定分析物的质量电荷比，得知分析物的分子质量，用来判别分析物所含的元素或分子的组成。

GC-MS的检验方式，就是把待分析的样品，经过气相层析仪GC分离出各个成分后，再由质谱仪MS进行侦测与分析比对，鉴别出样品里面的化学成分。

精油或是纯露中到底含有什么化学成分，也就是利用GC-MS分析后得知的结果。纯露也是因为这些分析科技的进步，才被发现其中含有许多有用的化学成分，让纯露逐渐显现了价值。

蒸馏前，植材的预处理与保存

进入蒸馏操作前，植材处理也是蒸馏工艺中非常重要的环节。预处理的每个细节都会影响蒸馏产物的数量与品质，就跟蒸馏过程中的条件控制同样重要；植材预先处理得当、蒸馏过程中的条件控制适宜，才能制作出品质最佳的精油或纯露。

植材选定要“适时”

一年四季都有不同的植物盛开或凋谢，每个季节所适合采收蒸馏的植物也不同，就像是蔬果一样，选择与采摘植材“适时”很重要。每一种不同的植材都有它最适合采摘的季节，当植材处于最合适采摘的季节，所含的活性、香气成分都是最为饱满的状态，而这些活性、香气成分就是我们蒸馏要取得的产物，因此在选择蒸馏植材时，一定要选择在它生长最旺盛的季节采收；使用“不适时”的植材，尽管你有再高超的蒸馏设备与工艺，也无法蒸馏出品质成分优良的精油与纯露。

举例来说，春秋两季的玫瑰花，因为温度较为适中，当季的玫瑰花特别硕大饱满，花香也特别浓郁。台湾的盛夏温度太高，不利于玫瑰花的生长，所以夏天的玫瑰花花朵会比较小，含油量与活性成分也低于春秋两季。如果在夏日要选择花朵类的植材进行蒸馏，可以避开玫瑰花，挑选在夏天盛开的姜花。按照不同的时令、气候，要有选择合适植材来蒸馏的观念。

植材的采收部位与时机

植材采收的部位

选定好目标植材后，我们要先弄清楚蒸馏要运用植材哪个部位？例如花朵类多数萃取整朵花朵，茶树使用它的枝叶，薄荷则是取其叶片，柠檬香蜂草取整株使用，而柑橘类的精油是在它的果皮上，姜则使用地下根茎。弄清楚植材有效成分储存于哪个部位，是相当重要的一件事。

具有欧盟有机认证的精油，多数会在内容说明处清楚写上精油萃取部位。举例来说，玫瑰精油会在说明栏上写萃取部位为花朵，薰衣草精油的萃取部位有些是花顶端，有些是叶片，搜寻这类有明确标示的欧盟精油，观察瓶身上的标示，也是决定要蒸馏哪个部位的参考方式。

植材采收的时机

一般来说，花朵类植材香气容易散失，一定要在清晨采收。例如玫瑰花在太阳出来、环境温度上升后，精油萃取率会下降30%以上；清晨的月橘散发出来的香气非常浓郁，可以飘送到很远的地方，但是一到下午，可能就必须凑上鼻子近距离才闻得到香气。所以，花朵类植材的采收时间最好挑选清晨，采收时，花朵绽放程度也是采收另一个重点，未开的花苞、衰退期的花朵应避免采收。

香草类植物，挥发性成分不易散失，所以对于采收时间的限制比较少，但是仍然有许多重点要考量，例如：要选择在它生长最旺盛的季节采收，注意采收的间隔时间，采收前2～3天不要下雨，采收植材的嫩叶、新叶或是老叶，采收植株的高度等。

可以蒸馏的植材有几百种，该如何分辨取材的部位？又该怎么判断每种植材的采收时机？我想，大量搜寻、阅读相关的文献资料是最快的方法，另外就是通过自己的观察（观察植物生长的状态、香气的改变等），本书所记载的22种植材，针对植材的取材部位、采收时机与采收后的预处理都有详细描述，逐一阅读后，应该就能对取材部位及采收时机归纳出自己的心得，这里提供一个简单的表格供读者参考。

{个别植物蒸馏部位及处理方式}

植物	蒸馏部位	处理方式	植物	蒸馏部位	处理方式
玫瑰	花	整朵或切碎	柠檬	果皮	切碎
白兰花	花	整朵或切碎	香叶万寿菊	茎、叶、花	切碎
月橘	花	整朵	桂花	花	浸泡
茶树	细枝、叶	剪成小段	薄荷	全株	切碎
杭菊	花	浸泡	甜马郁兰	全株	切碎
柠檬马鞭草	叶	剪成小段	土肉桂	叶	干燥后粉碎、浸泡
积雪草	全株	切碎	白柚花	花	整朵
迷迭香	茎、叶	剪成小段	香叶天竺葵	茎、叶	剪成小段或切碎
香水莲花	花	切碎	姜花	花	切碎或捣碎
柠檬香蜂草	茎、叶	切碎	茉莉花	花	整朵
柠檬草	叶	切碎	姜	根茎	切碎

注：全株不包含地下根、茎。

植材的处理

不同植材采收后的处理方式也是一项值得研究的课题，例如，欧洲的玫瑰精油蒸馏厂会将采收下来的玫瑰花在蒸馏前静置几个小时，期间定时去翻动，避免下层玫瑰通风不良而发热造成香气的改变。这段静置时间是要让玫瑰花中的酵素发挥作用，借此提高精油萃取率，并一定会在采收当天进行蒸馏。

而薰衣草精油的蒸馏厂，则会将采收下来的薰衣草就地在阳光下干燥三天，一天翻动两次，也是为了避免下层的薰衣草因为通风不良而过热或是质变，等待薰衣草确定干燥后再进行蒸馏。

有些蒸馏厂甚至还有其独特的植材处理方式，这些针对不同植材所衍生出来的处理流程，都是依据科学实验与实际生产经验相印证下产生的，这些关于植材的预处理方式也是蒸馏工艺的一大重点。

每一种植材的处理方式都不相同，例如木质类需要干燥、粉碎后浸泡一段时间再进行蒸馏，杭菊则需要浸泡在蒸馏水里一个晚上后再进行蒸馏，才能得到较多芳香有效成分。新鲜刚采下来的肉桂叶与自然风干后的肉桂叶所蒸馏出来的精油、纯露的气味与成分也有所不同。

植材的预处理，关系到产物的萃取收率，所得产物的成分与效用是蒸馏过程中非常重要的一个环节。接着，我们就来深入讨论关于新鲜或干燥、粉碎度、浸泡的功能与影响。

新鲜或干燥

新鲜与干燥的植材蒸馏所得的精油与纯露，在挥发性成分上多少都会有差异。有些是整体萃取到的化合物数量、种类、含量都不同，有些是主要成分相同但含量有差异。

为什么会产生如此的差异？植物采摘下来的时候，还是有生命的状态，其中也含有大量的水分与酵素，这些酵素在合适的温度、湿度下仍会持续不断地进行工作——将植物中的化合物进行转化合成，也就造成了植物挥发性成分、香气物质的改变。

举个最简单的例子：茶叶。茶叶从采摘后的茶青到茶叶成品，要在所有的制茶工序中慢慢将茶青中的水分去除到只剩下3%～5%，制作过程中也有很重要的发酵工序，发酵时间、状态、浪青次数都关系到成品的香气与口感。

我曾经在文山包种茶纯露的整个制程中，取不同阶段的茶青来进行蒸馏，然而在每个阶段所得到的茶纯露香气都大不相同。刚采摘下来的茶青所蒸馏出的纯露，充满了所谓的“青”味，香气并不好；而经过发酵、杀青后的半成品茶叶，蒸馏出来的茶纯露，香气就有明显转换，充满了茶香与花香。

干燥工序是很复杂的程序，但是面对蒸馏精油与纯露用的植材，我们不可能每一种都用这么复杂、费时费工的工序去进行干燥，基本上只需要了解干燥过程与方法对蒸馏出来的精油与纯露有很大的影响。如果要对植材干燥进行较专精的研究，建议可以从制茶的工艺中去寻找理论与方法。

而植材在蒸馏前，是否需要先进行干燥？在相关文献资料中，有提到几种可以干燥后再蒸馏的植材，像是肉桂、香蜂草等。如果没有参考资料，可以做个简单的实验，就是去比对新鲜的植材与干燥后的植材（有时可直接在植株旁的地上捡到已经干燥的叶片），把它用手指搓揉一下，观察其香气味道，比较两者间香气的差异。

新鲜的肉桂叶，肉桂香气比较淡、略有“青”味

自然风干的肉桂叶，肉桂香气浓郁、没有新鲜肉桂叶的“青”味

确认香气有没有变得不同？觉得哪种气味比较好就选择那个状态的植材进行蒸馏，就像新鲜肉桂叶闻起来的味道没有干燥肉桂叶来得浓郁，还可以闻到一点新鲜叶片的“青”味，类似这些植材，就可以选择用干燥植材作为蒸馏材料。

干燥后的植材，由于植物本身的重量已经不含水分，所以计算下所得的萃取收率一般都会高于新鲜含水的植材。而干燥方法也有很多种，可以参考土肉桂章节中所提到的不同干燥方法。

粉碎度

蒸馏前的植材，我们需要将它剪成小段、小块、小片状或直接捣碎、用粉碎机粉碎，其实主要目的都是要加大植材与蒸汽的接触面积。植材粉碎的粒度越小，它的总表面积也就越大，也就有越多面积可以接触到热源与蒸汽，越有利于精油与纯露的萃取。

花朵类植材的蒸馏，由于挥发性成分存在于花瓣的表皮，花瓣的厚度又比较薄，所以粉碎度对于蒸馏结果的影响不大；相对的，取材自各类木质、木屑的植材，粉碎度的影响就会很明显。

预处理时被切碎的柠檬马鞭草

新鲜采摘的桂花先浸泡有利于萃取

浸泡

浸泡植材的效果，在于利用浸泡时水的渗透压进入植物的细胞内，让细胞充满水分，胀大甚至破裂，让其中的挥发性成分流出；另一个影响就是当植材充满水分，在蒸馏时蒸汽的热传导效果会变好，也就能让植材细胞有效率地、平均地受热，进而让其中的挥发性成分更容易随蒸汽一起被蒸馏出来。

干燥后的植材，由于本身已经不含水分，所以先加以浸泡会对蒸馏效率与结果有一定程度的帮助。

植材浸泡的初期，蒸馏萃取量会随着浸泡时间的延长而增加，但当浸泡植材的细胞已经全部溶胀后，萃取量也就达到饱和，再延长浸泡时间也对萃取量没有帮助。所以，浸泡的时间不是越长越好，它会出现一个极大值，超过极大值的浸泡只是浪费时间，甚至可能会因为植材自身酵素或环境污染，而对蒸馏结果产生不良影响。

如果书中有建议的浸泡时间，请依建议数值去做，如果没有建议时间，可以从2小时、4小时、6 小时去浸泡，最后再从实验结果去调整浸泡时间。

加入食盐（氯化钠）

在浸泡植材的阶段或是采用共水蒸馏的蒸馏阶段，可以在浸泡用的蒸馏水中加入食盐（氯化钠），添加的浓度在1%～10%（例如，使用100毫升蒸馏水进行浸泡或共水蒸馏就加入1～10克氯化钠）。实验也证明这个方式可以增加精油的萃取收率。其原理简单用三点来说明。

1. 增加水的极性

水属于极性溶剂*，加入氯化钠，可以将水的极性再加大，让非极性的挥发性物质在水中的溶解度降低。简单的说法就是通过少量的氯化钠，可以降低精油在水中的溶解度，使它更容易被蒸馏出来，进而提高精油的萃取收率。

注：* 表示什么是极性溶剂。

溶剂与溶质我们通常会用极性（亲水性）与非极性（疏水性）来区分。物质的极性可以通过度量物质的介电常数或电偶极距来得知，溶剂的极性决定了它可以溶解的物质以及可以与它互溶的其他溶剂或是液体物质。依据相似相溶的原理，极性物质在极性溶剂中溶解状态最好，非极性物质则在非极性溶剂中溶解最好。

水是最常见的极性溶剂，因此如食盐、糖这些极性大的物质非常容易溶解在水中，而像是精油、植物中含的蜡质则属于非极性物质，跟水就很难混溶，反而容易溶解于正己烷等非极性溶剂之中。

极性、非极性溶剂的分类与运用，也就是溶剂萃取的基本原理。如用油脂或是正己烷萃取花朵中的精油，就是利用油脂、正己烷和精油都是属于非极性溶剂，相似者彼此间非常容易互溶的原理来达到萃取精油的目的。

2. 利用渗透压

在浸泡植材或蒸馏用的蒸馏水中加入氯化钠，可以造成植材细胞内外产生渗透压差，使得精油更容易从细胞中渗出，进而被蒸馏出来。

初中的生物课有提到，假设细胞在无盐的蒸馏水中，水分子会因为渗透压差，不断渗透进细胞，使细胞胀大或甚至胀破；而当细胞在高浓度的盐水中，水分子会不断从细胞渗透到盐水中，这会使得细胞萎缩变小而破裂。

这就是渗透压对细胞的影响，所以浸泡植材和加入氯化钠，都是借由渗透压的影响来达到增加精油萃取收率的效果。加入氯化钠的溶液为高渗透压溶液，更容易渗透进入植物细胞中，使细胞质壁分离，让内容物更容易被蒸馏出来。

3. 提高沸点

加入氯化钠的蒸馏水，沸点会一些提高，使高沸点的挥发性成分萃取出来的量稍增加。

建议可以在浸泡植材的阶段，加入少量的氯化钠。如果植材不需要浸泡，可以直接进行蒸馏，使用共水蒸馏也可加入少量氯化钠以提高萃取收率；如果使用水蒸气蒸馏或水上蒸馏，由于蒸馏水并没有直接接触到植材，所以加入氯化钠的效果也就很有限，可省略加入氯化钠的方式。

另外，我们再复习一下蒸馏的基本观念，由于氯化钠是属于非挥发性的物质，即它不会被蒸馏出来，会留在蒸馏底物当中，所以蒸馏出来的纯露，绝对不会含有食盐！

蒸馏前先进行微波

微波辅助后，再利用水蒸气蒸馏萃取是近年开始发展的新方法。基本原理是利用微波辐射的高频电磁波可直接穿透萃取溶剂，迅速加热植物中的水分，使得植物内部的管束、腺胞系统受热升温，内部压力增大，超过细胞壁所能承受的范围而破裂，造成细胞内的有效成分流到萃取溶剂中，以利于接下来要进行的水蒸气蒸馏。微波辅助的方法可以增加精油的萃取收率。

蒸馏前用微波炉将已经预处理好的姜花进行微波，有利于萃取率的提升

微波加热和传统加热不同的地方，就是在传统加热中，当我们把植材放置在萃取溶剂中加热时，植材中的水分必须借由溶剂受热，然后才能将热传导到植材内部的水分，也就是溶剂受热升温后，植材内部的水分才会开始受热升温；但是微波加热则不用，微波可以直接穿透溶剂，让植材内的水分同时受热膨胀进而破裂。

因为现代家庭中微波炉已经非常普遍，所以介绍这个方法给读者，让大家可以就地取材，利用厨房里的微波炉进行微波辅助蒸馏。微波辅助的方式有几个重点。

1. 干燥的植材先浸泡再微波

植材必须含有水分，才能够吸收微波达到效果，所以干燥的植材必须先浸泡，让植材吸饱水，再放进微波炉进行微波。

2. 微波加热前必须先添加适量的水

要进行微波前，先将植材浸泡在水中，不要把没有加水的植材直接送进去微波，受热后植物含精油的系统破裂后，这些内容物要能够流到水里面，如果没有添加水就进行微波，受热破裂流出的有效成分，可能会挥发到大气中，也可能附着在容器内壁，反而会造成有效成分损失。

所以，我们要先把植材浸泡在水中，再进行微波，让破裂后的有效成分流入浸泡的蒸馏水中，然后将这些蒸馏水用作蒸馏的水蒸气来源，当蒸馏进行时，水中所含的有效成分就可以直接被蒸馏出来。

3. 微波的功率与时间

微波时间的长短也跟植材的含水量有关。较干的植材需要较长的微波时间，含水量较多的植材微波时间较短。微波的功率与时间，建议以功率300～350瓦，时间3分钟作为参考基准。

阅读相关文献与实验结果数据，说明当我们把微波时间设定为3分钟，功率在160～350瓦时，精油的萃取率会随着功率增加而增加，但当功率来到400瓦、500瓦甚至更高的功率时，精油的萃取率反而有降低的趋势。

过小的微波功率无法彻底让含油的细胞破裂，对于萃取率提升效果有限；过高的微波功率，则会使温度升高太多，挥发性成分过度挥发，甚至造成部分成分氧化，也会导致萃取率下降及蒸馏萃取出来的精油颜色较深、混入杂质。

所以，最佳的建议值就是功率300～350瓦，时间3分钟。

以自家的微波炉为例，微波炉上的微波功率选项只有三个——解冻170瓦、冷冻食品500瓦、加热750瓦。这时候我如果选择170瓦和500瓦，依照建议的功率与时间的比例，我需要微波的时间就是：

300瓦×180秒/170瓦＝317秒（约5分钟）
300瓦×180秒/500瓦＝108秒（约2分钟）

750瓦由于功率太高，所以一般我不会使用这个功率来微波，会尽量挑选功率在500瓦以下的选项。

植材的保存

如果我们按照最佳的黄金采收季节、时间采收植材，但是采收的量没有办法达到一次蒸馏所需的量，又或是一次采收的量很大，没有办法在当天将所有植材都蒸馏完毕，这时植材的保存就是非常重要的课题。

植材的保存其实跟食物的保存非常类似，基本的原理就是控制容易让它产生化学变化的三个因素：水分、氧气、温度。所以，植材保存方式对应以上三个因素，最实用、简单的方法有以下三种。

1. 干燥

干燥是非常实用的保存方法，特别是对香草类植物。干燥的过程中，让植材所含的水分慢慢挥发掉，植材中的活性酵素也无法在没有水的环境下生存，这些酵素会在干燥过程中，随着水分挥发渐渐失去活性。失去酵素的作用，植材也就进入稳定的状态。

2. 真空密封保存

真空密封保存就是把酵素或微生物存活或进行反应所需要的氧气排除，让其无法存活。如果要用这个方式保存植材，需要添购一台食品真空密封机，一般家用等级机器价格都很便宜，建议可以添购一台，不仅可以保存植材，也可以用来保存一般食材。

如果不想那么麻烦，比较简单的方法就是使用食品的夹链式保鲜袋，虽然它无法提供真空度比较高的环境，但是基本上也能提供较高的氧气阻绝率，阻绝氧气与植材的接触。

使用食品真空密封机，将新鲜玫瑰花真空密封

食品用的夹链式保鲜袋也有阻绝氧气的效果

3. 冷冻保存

把植材放入冰箱冷冻库中冷冻保存。冰箱冷藏的温度大概在4摄氏度左右，冷冻温度则是在-18摄氏度以下。植材采收下来，其中某些自带酵素仍然可以继续运作，一定要把环境温度降到够低，才能让这些酵素停止作用。

牛肉进行熟成的环境温度大约在0摄氏度，也就是说牛肉的天然酵素在0摄氏度时还是可以进行反应，所以牛肉才可以达到熟成的效果；换句话说，0摄氏度的温度并不能让牛肉中的酵素停止反应，需要更低的温度才可以。植材的保存也是一样，冷藏库的温度并不能让这些酵素停止反应，冷冻库的温度才够低。

以上这三种分法可以混搭运用，像是真空包装后再冷冻保存，干燥后再冷冻保存，干燥后再真空冷冻保存，混搭运用的功效可以加成！如同茶农制作茶叶就是经过干燥、真空包装，如果要保持茶叶的品质，通常都会将真空包装好的茶叶再冷冻保存。以我个人的经验来说，玫瑰花、杭菊等植材，用真空冷冻保存最长的时间将近一年，之后所蒸馏出来的纯露香气仍然很好。

蒸馏精油、纯露所需的器具

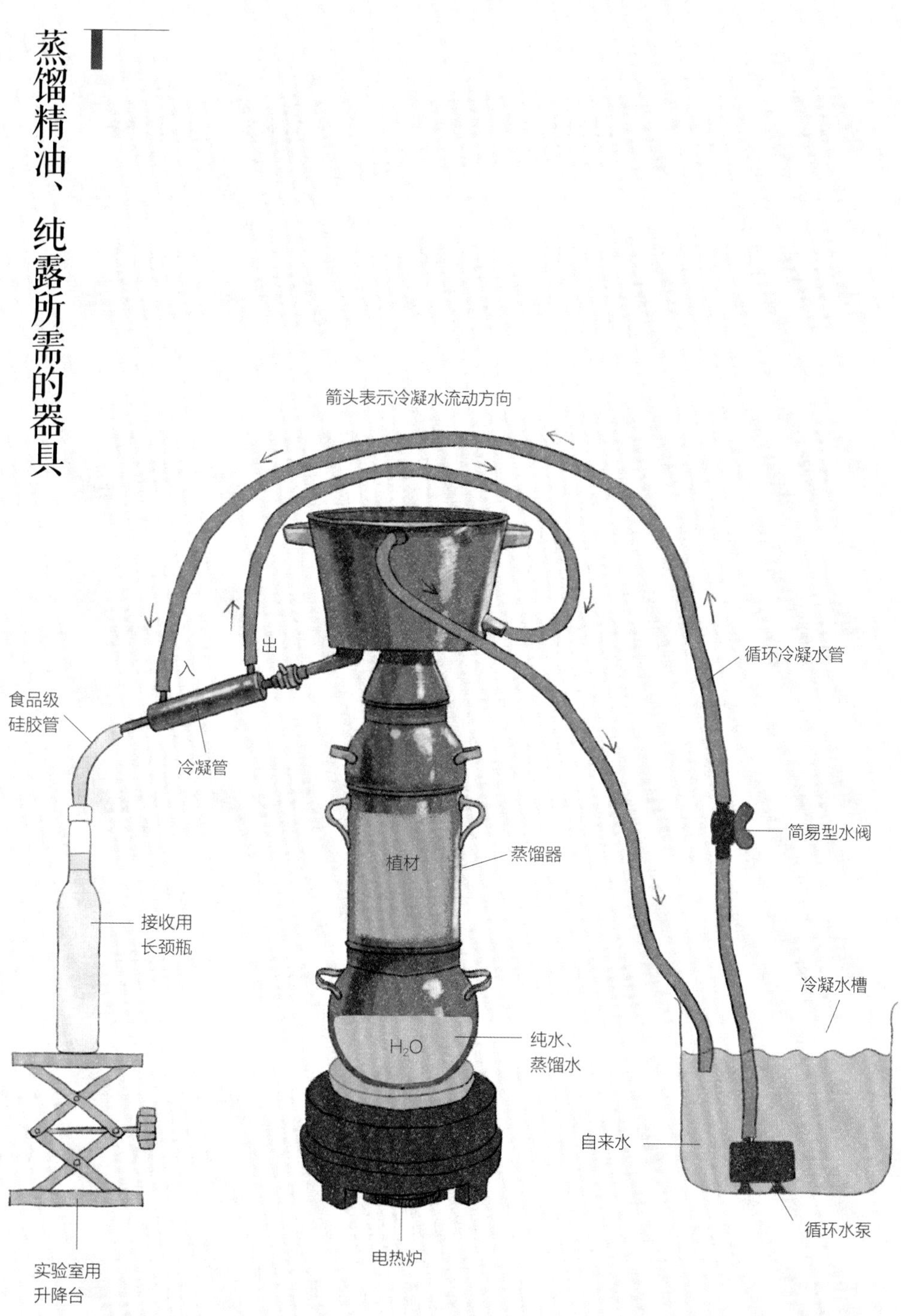

{蒸馏流程示意图}

蒸馏器

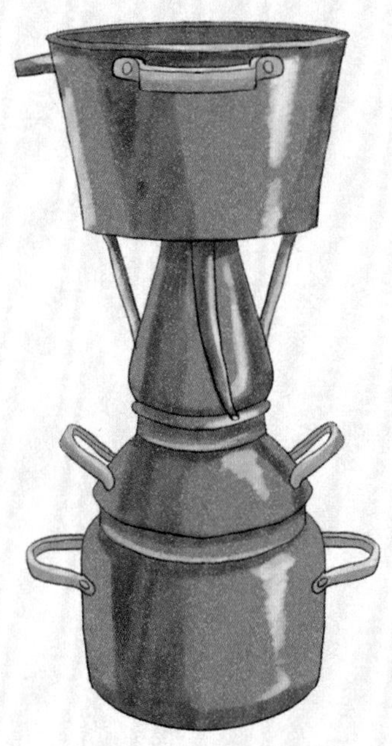

阿格塔斯铜制蒸馏器

循环水泵

购买器具时请注意两个数值：一个是扬程（泵可以把水送到的最高高度，单位一般是米），一个是流量（每小时水泵送出的水量，单位是升/小时）。

如果冷凝水放置的越低，蒸馏器的高度越高，你所需要的泵扬程就要相对加大，泵的流量也要随着你的蒸馏器越大。举例来说，2升的阿格塔斯铜锅，搭配的泵扬程是0.8米、流量是450升/小时。还有一点小提醒，如果你预估冷凝水要送达落差2米的高度，在购买泵时请再加上20%的富裕值，也就是购买最高扬程2.4米的泵。

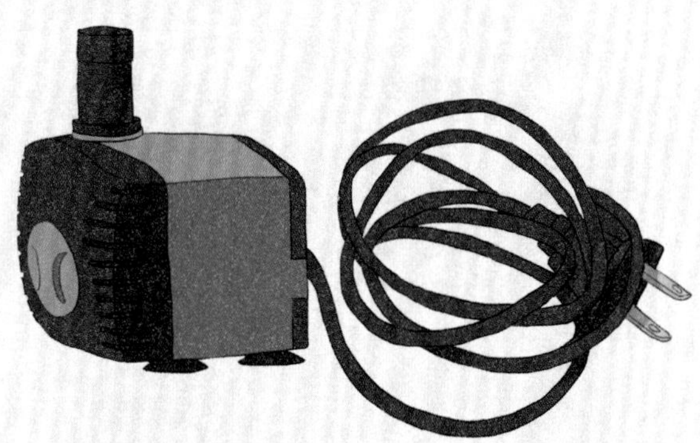

循环冷凝水管

用来循环冷凝水的水管，不会接触到蒸馏出来的产物，管内冷凝水的温度也不是处于高温的状态，所以材质对于耐热性及耐化性并没有特别要求，使用一般家用水管或水族用的水管都可以。

水管的标示，通常会同时标出内径与外径。例如水族用的水管分9/12毫米（其中9毫米是管的内径，12毫米则是外径）、12/16毫米等规格。

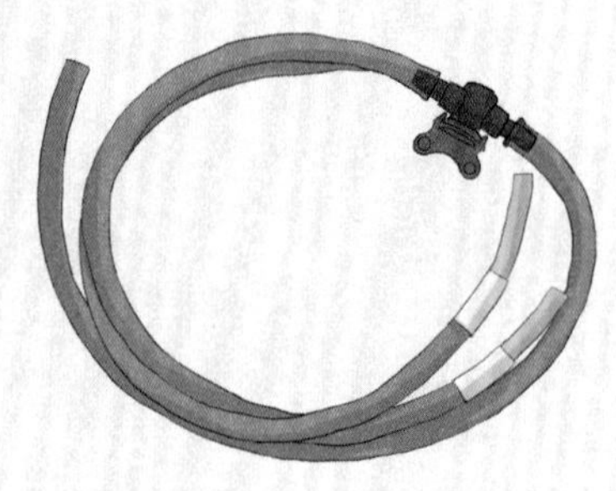

简易型水阀

为了较容易控制冷凝水的流量，可以在进水的管路中间，加上一个控制流量的开关阀。

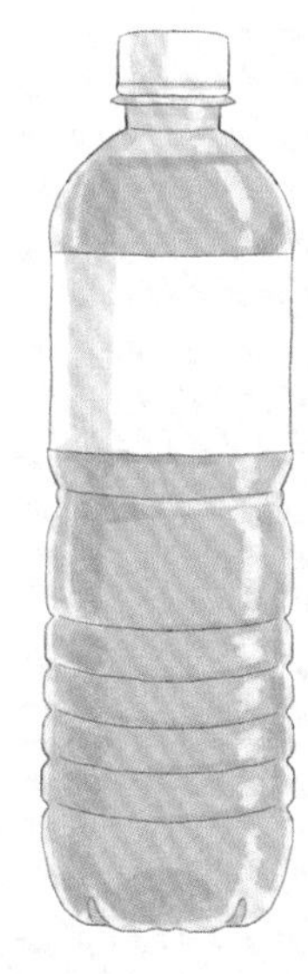

蒸馏水（纯水）

蒸馏所使用的水需使用蒸馏水，不要使用自来水。关于蒸馏所用水源的选择，在后续内容中有比较详细的解说。

加热炉

视蒸馏器不同，可搭配电陶炉、电热炉、天然燃气炉、卡式燃气炉、柴火炉灶都可以，越容易精准控制火力的设备越好。

实验室用升降台

蒸馏器的馏出口高度与接收瓶之间可能会有高低落差，除了使用食品级硅胶管来导入蒸馏产物之外，也可以使用实验室用的升降台来调整接收瓶与馏出口的高低落差。

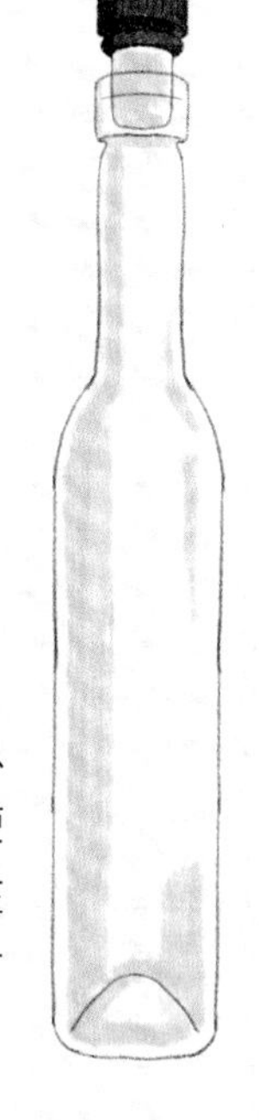

接收用长颈瓶

接收容器可以选择长颈瓶。使用长颈瓶的优点在“挑选容器”章节有详细的说明。

食品级硅胶管

接收蒸馏产物时，常因为蒸馏出口与接收瓶间有高低、距离落差，必须再加上一小截短导管，才能顺利将蒸馏产物导入接收瓶内。

选用的管材必须是耐温性及耐化性较佳的硅胶管，直接选择食品级硅胶管最为安全，千万不要用一般家用水管或是水族用的水管取代。除了材质最好选择食品级硅胶管以外，还要注意一个细节，由于这段硅胶管会接触到产物，所以使用前也要先以75%酒精对管内消毒，以免污染蒸馏产物，使用后也要清洗。

冷凝水桶或自家厨房洗碗槽

使用厨房的洗碗槽是最方便的，当槽内冷凝水变温热，可以直接放掉热水，打开水龙头就可补充冷水。另一个方式是准备一个水桶作为冷凝水之用，但当水桶内的冷凝水变温热后，导出热水再补充冷水的操作与使用厨房水槽相比之下显得比较麻烦，水桶尽量挑选容积大一点的，可以延长更换冷水的时间。

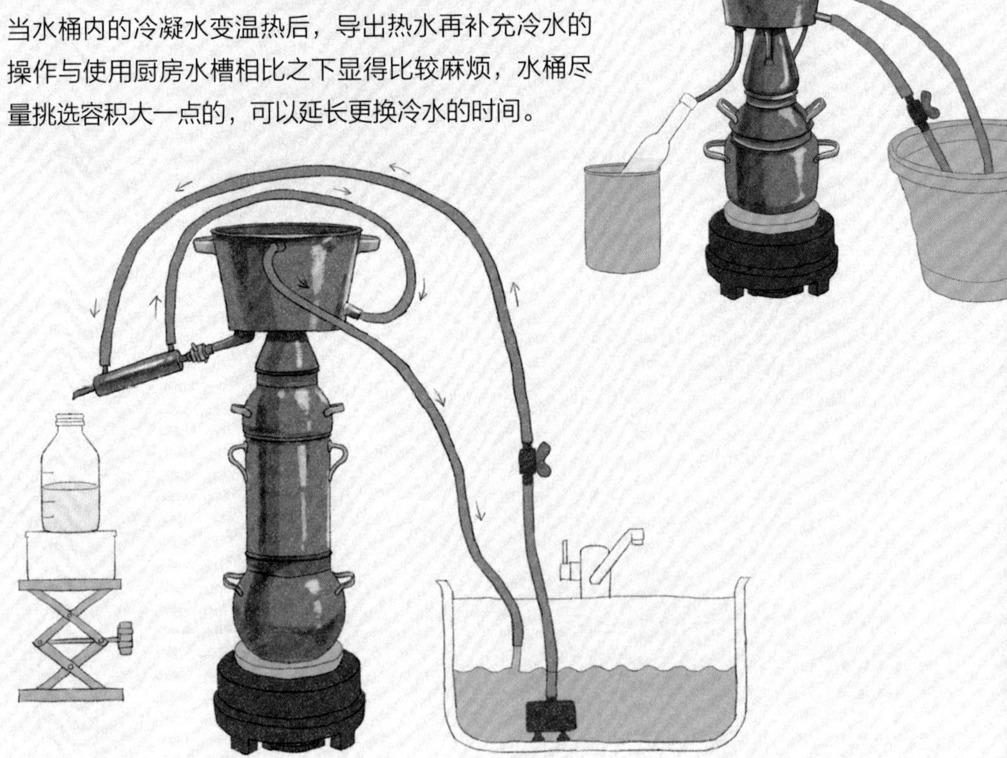

准备蒸馏工作

当我们把全部的器材、植材预处理都准备好后，接着就是要把蒸馏器与冷凝水管架设起来，每一款蒸馏器的设计都不相同，冷凝水的进水与出水口的位置也不同，但是冷凝水进水与出水的规律不变，即下方进水、上方出水。

唯有下方进水、上方出水，才可以让冷凝的位置或冷凝管充满冷凝水，上进下去是无法充满冷凝管的。以下举两款铜锅的图片为例。

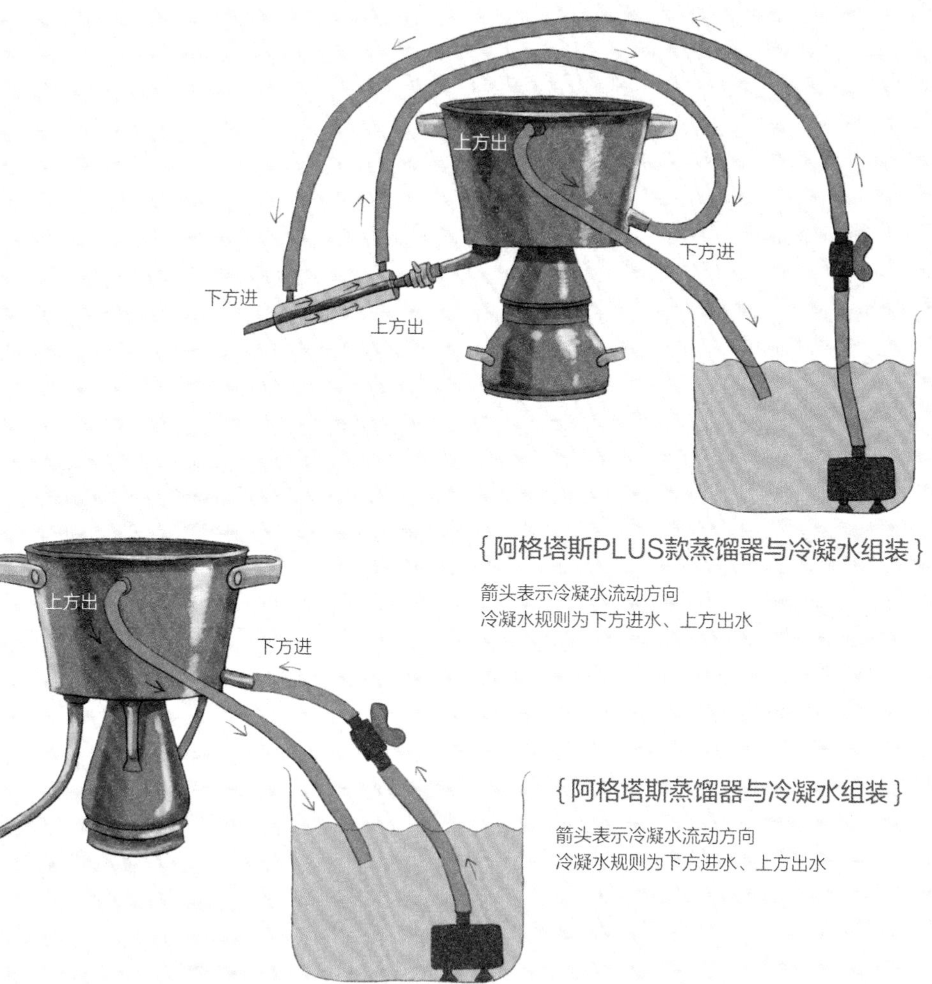

{阿格塔斯PLUS款蒸馏器与冷凝水组装}

箭头表示冷凝水流动方向
冷凝水规则为下方进水、上方出水

{阿格塔斯蒸馏器与冷凝水组装}

箭头表示冷凝水流动方向
冷凝水规则为下方进水、上方出水

循环的冷凝水管装备好之后，先打开循环水泵的电源，确定冷凝水开始正常循环后，再打开加热的电源或燃气，开始加热。

1-5 蒸馏过程的条件

料液比例

什么是料液比例?

料液比例就是指植材重量与蒸馏水重量的比例。例如，蒸馏玫瑰花时的建议料液比例是1：（3～4），也就是说如果玫瑰花重量为100克，那么要添加的蒸馏水重量就是300～400克，由于水的密度为1克/立方厘米，所以300克的蒸馏水也可以直接量取300毫升，400克则直接量取400毫升的蒸馏水。

植材不同，建议的料液比例也不同

料液比例所代表的含义是蒸馏的终点。

这边依然以玫瑰为例，当蒸馏玫瑰花建议添加的料液比例为1：4时（也就是100克的玫瑰花蒸馏时要添加400毫升的蒸馏水），添加完植材与蒸馏水后开始蒸馏，当接收的纯露到达400毫升时，玫瑰花中的挥发性成分就已经被我们萃取完整，到达蒸馏的终点。

如果你添加了1：5蒸馏水，会有什么差别呢？当蒸馏出400毫升的纯露后，其实玫瑰花中的挥发性成分已经萃取到极限了，所以，蒸馏出来的第400～500毫升，已经没有玫瑰花的挥发性成分了，也就是说，这多加入及收取的100毫升，不含有植材的有效活性成分。

所以，添加的料液比例，就是象征性的蒸馏终点，当你添加超过这个比例的蒸馏水或是接收超过这个比例的产物，其中的挥发性成分已经明显不足了。

不同的植材，因为挥发性成分均不相同，含量、组分也各有不同，能够萃取出来的精油与纯露的量也各不相同；所以，不同的植材当然会有不同的料液比例建议，拥有不同的蒸馏终点。

如何添加正确的料液比例?

本书中列举了22种不同的植材，其中包含了不同类别的植材、不同的植材取材部位，如果属于书中列举的植材，可以直接依照建议的料液比例进行添加蒸馏，再对收集到的精油与纯露做基本的感官评价*1（无仪器的评价方式），作为下次添加料液比例及找到最合适的蒸馏终点的参考。

如果是书中没有列举到的植材，可以参考类似的植材与取材部位来添加与记录，或是读者也可以在我的社群网站*2上提出问题，我会尽力为各位解答。

注：*1 感官评价也可称为感官分析，是利用人体自身的器官作为检测工具，对于待验物品的色、香、味、形、触感、音色等感官质量特性，利用我们的视觉、嗅觉、味觉、触觉、听觉对待验物品各方面的质量状况做出评价。

通过感官的分析，很容易了解人们对于这些物品的感受或是喜好程度，这样的技术被广泛应用于食品业、化妆品业。像是品茶师、品酒师都是利用感官评价来判断产品好坏的专业人士。

注：*2 Facebook搜寻“宝贝香氛”。

添加过少或过多的料液比例有什么影响?

添加过少的料液比例，无法将植材中的挥发性成分萃取完整，也就是还有很多挥发性成分仍存在于植材中没被萃取出来，形成浪费。过多的料液比例，则会造成接收的产物过多，到达蒸馏终点后所接收的产物已经不含挥发性成分，多接收的产物只会稀释了原本饱和的产物。

曾有学员提出一个问题：如果添加比建议的料液比例还要多的蒸馏水，但是只接收建议的料液比例的产物，会有什么不同跟影响？其实，这个问题也可以看成玫瑰花建议添加的料液比例为1：4，如果添加1：6的蒸馏水，但是只收取1：4的产物，这样可以吗?

先将植材进行称重，再添加合适比例的蒸馏水

这种添加方式会有多余没有蒸馏出来的200毫升蒸馏水存在于蒸馏底物中，而这些没有蒸馏出来的蒸馏水当中，都会溶解许多挥发性成分在其中；越多没有蒸馏出来的水，就会溶解越多挥发性成分，无形中也会降低萃取的收率、效率与品质，而萃取不完整也是一种浪费。

加热火力与温度控制

加热火力与温度控制有几个基本的条件跟观念。

火焰的管控

若使用燃气（明火）加热，火焰范围不得超过锅炉外缘，如果火焰的范围延烧到锅边，会有损害锅具的疑虑。

基本的控温方式

首先开大火加热，如果使用电热炉为加热方式，将旋钮转至功率最大的位置，直到水开始沸腾，开始有纯露馏出后，立即转为小火，将旋钮转至功率较小的位置，让沸腾的水稳定维持在微微沸腾的状态（类似煨汤的沸腾状态）。

过大的火力会有什么影响?

当加热火力过大，对植材里的热敏性成分会有不好的影响，也就是对植材蒸馏出来的品质会有影响。水的沸点是100摄氏度，当我们把加热火力加大时，只会影响水汽化成水蒸气的量，不会造成水温超过100摄氏度；但这时提供的热量，可以让高沸点挥发性成分的温度超过100摄氏度。

就像我们在吃麻辣锅的时候，会觉得上层的辣油特别烫，或是在炒菜时加热沙拉油，它的温度可以上升到200摄氏度以上一样，当加热火力大的时候，其实是可以让这些挥发性成分受热超过水蒸气的温度，所以才要注意别让火力过大。

蒸馏速度

蒸馏速度就是加热火力控制的数字化表示方法。那么，该如何测试蒸馏速度?

蒸馏时，当水沸腾、开始有纯露馏出后，开始记录馏出时间与馏出的纯露容量，我们可以取15分钟收取的量；如果15分钟收取的量是100毫升，那么在这个加热火力功率时的蒸馏速度就是每小时400毫升。

书中每一种植材都会有建议的蒸馏时间，这个蒸馏时间就要用蒸馏速度来调整。例如建议蒸馏时间为180分钟，我们就要调整加热的功率，让加入的蒸馏水控制在180分钟蒸馏完毕。蒸馏速度过快或过慢，都对产物品质与萃取率有影响。

过慢的速度表示产生的蒸汽量不够，无意义地拉长蒸馏时间；过快的蒸馏速度表示蒸汽量过大，太快就把蒸馏水蒸馏出来，会导致很多挥发性成分萃取不完整。所以，调整蒸馏的速度以符合建议的蒸馏时间，是蒸馏过程中要控制的一个条件。

练习题

Q

玫瑰花的建议料液比例1：4，蒸馏时间为180分钟，现在手中有200克的玫瑰花，该如何搭配运用料液比例与蒸馏时间这两个蒸馏条件?

A

如果玫瑰花的重量为200克，料液比例1：4，则要添加的蒸馏水量为800毫升，如果建议的蒸馏时间是180分钟，我们首先来计算到达蒸馏终点可以收集多少毫升产物。

800毫升的蒸馏水，需要先扣除必须留在锅底以防止蒸干的蒸馏水量，大约100毫升，再加上玫瑰花吸附水的量，大约50毫升，所以我们预估总共可以收集到约650毫升的纯露。

蒸馏产物总共650毫升，而蒸馏时间建议为180分钟的话，那么蒸馏速度就是控制在650毫升/3小时＝216.7毫升/小时。

可得出结论，在蒸馏过程中，调整到合适的加热功率，让蒸馏的速度控制在216.7毫升/小时，蒸馏3小时，收集到650毫升的纯露，就是最佳的料液比例与蒸馏速度。

小提醒/

植材在蒸馏中会吸附住饱和的水分，这些被植材吸附住的水分是无法蒸馏出来的，所以在预估产物的量时，要记得扣除这个量。各种植材会吸附的水量都不一样，如茶树所能吸附的水分很少，而玫瑰花所能吸附的水量就非常多。

举个实例给各位参考，实际蒸馏玫瑰花时，蒸馏前鲜花称重800克，蒸馏完毕后将吸满水的玫瑰花渣取出称重，花渣重量为975克，这表示玫瑰花吸走了175毫升的水，这些被吸附在植材中的水量，必须记得预估和扣除。

由于蒸馏的产物是互不相溶的植物精油与纯露，所以在接收了这两种同时馏出的产物后，接着必须将精油与纯露分离。在接收产物的阶段，可以选择下列两种方式，以利于分离工序的进行。

使用油水分离器、分液漏斗

在接收产物的阶段，直接使用油水分离器或分液漏斗，可以省略下一阶段精油与纯露的分离工序。也就是说，在蒸馏产物的过程中，利用这个设计简单的装置，就可以将蒸馏出来的精油与纯露，利用其密度不同的原理，自动将精油层与纯露层分开，进一步也可以将精油层留在油水分离器或分液漏斗之中，而纯露则会不断被自动导入另一个接收容器内。

市售的油水分离器虽然外形设计有很多不同的款式，但设计的基本原理都是相同的，材质则大多是玻璃或金属，在选择时有几个条件可以参考。

- **油水分离器的设计分为用于收集密度比水轻的精油的设计以及用于收集密度比水重的精油的设计，两者的设计有所不同，但一般来说，市售的油水分离器90%以上都是针对密度比水轻的设计，毕竟常拿来蒸馏的植材中，精油密度比水重的数量并不多（例如肉桂精油密度大于1克/立方厘米，比水大）。**

所以，我们可以先选择一款密度比水轻型的油水分离器；当遇到要蒸馏密度比水重的植材时，就可以采取先接收再分离的工序。挑选重点如下：

- **设计的结构越简单越好。**
- **挑选使用起来较方便的可独立站立款式。大部分玻璃制的油水分离器，都需要另外架设铁架台、夹具加以固定，本身没有办法独立站立，使用起来会比较不方便，也比较占空间。**
- **挑选容易清洗的款式。当你看到一款油水分离器时，可以假设自己要去清洗的时候，方不方便清洗？会不会有许多清洗不到的死角？**

铜制油水分离器，精油较轻会留于玻璃管上层，纯露较重则由下方经铜管流出

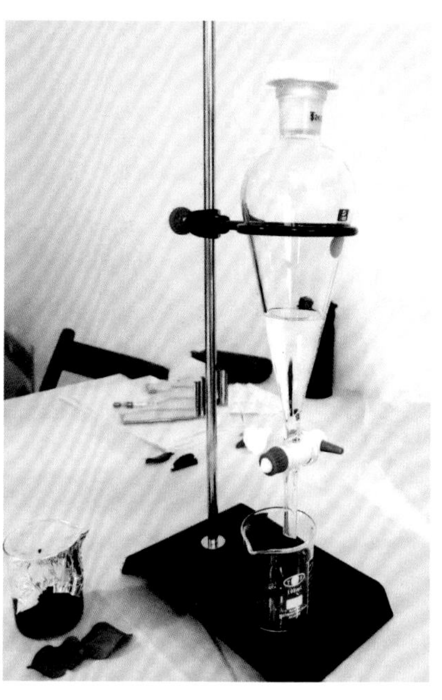

250毫升梨型分液漏斗及铁架台，分液漏斗下方活栓可选用聚四氟乙烯（PTFE)材质，使用上比玻璃材质的活栓方便，因为玻璃材质的活栓使用前必须涂上真空油脂以防止液体渗漏，聚四氟乙烯材质则不用，同时聚四氟乙烯的密封性也比较好

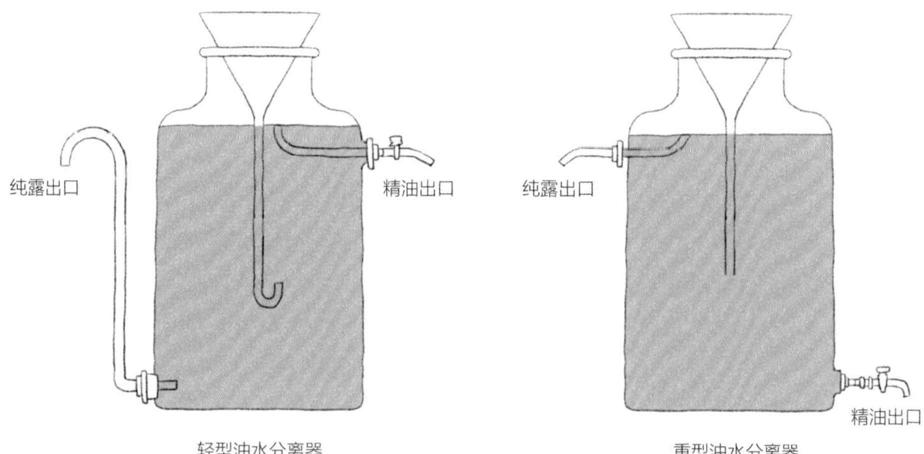

{密度比水轻与密度比水重的油水分离器}

使用容量合适的长颈容器接收

除了考虑接收容器的容量外，也需考虑接收瓶的形状。尽量选择瓶身下方较宽，上方较窄，瓶颈长，瓶口较小的容器当作接收瓶，当蒸馏的纯露都收集起来后，纯露的量也刚好充满了长颈的容器，这时候比较轻的精油层，会刚好累积在靠近瓶口的位置，方便用滴管或吸管将精油吸取出来，很容易就能分离精油与纯露。

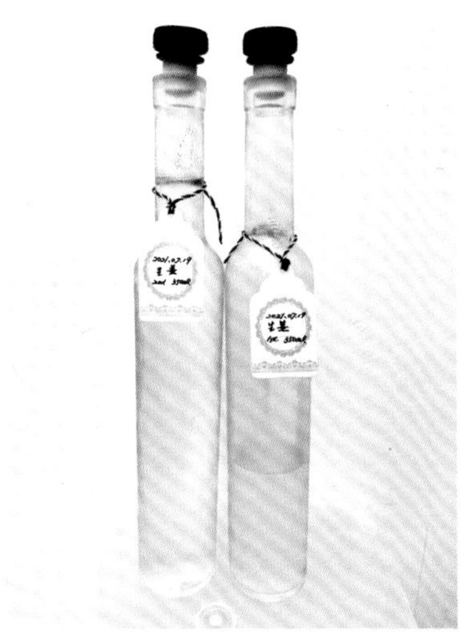

接收容器可选择长颈瓶，较容易观察精油层，也易于抽取分离

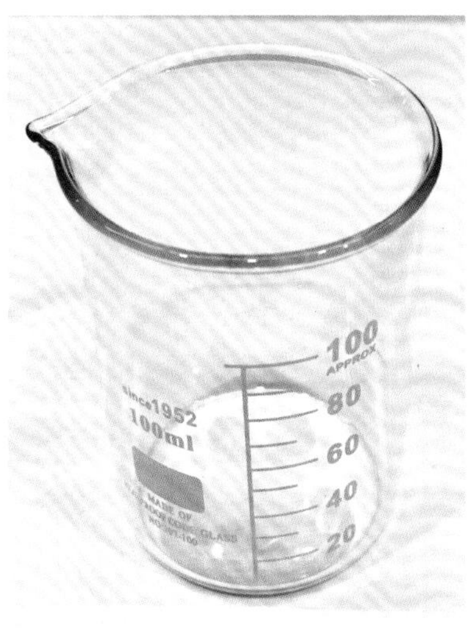

使用广口容器接收，精油层的面积太大，不易观察与抽取分离

蒸馏课程实际操作照片，接收容器均使用长颈瓶

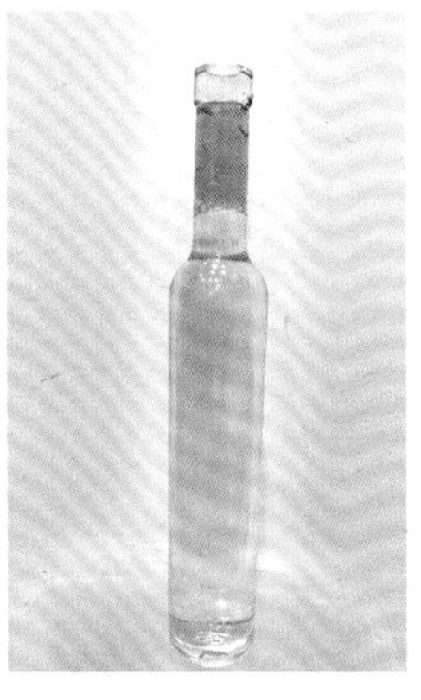

长颈瓶有利于上方精油层的取出，可以用滴管轻易吸出

接收量的计算与合适的容器

将预估馏出的精油与纯露总容量分成3个接收容器接收，接收容器的容量选择能通过简单的计算得出。

加入500毫升的蒸馏水（淘汰最先馏出的5～10毫升），蒸馏器内保留的50～100毫升的少量溶液（不可蒸干）以及被植材所吸附的水分（植材所吸附的水量，因植材不同也有差异，这边所写的数量仅提供参考）。

预估馏出纯露的总容量在500毫升，扣除约100毫升，约为400毫升。
400毫升/3个接收容器＝每个接收容器约133毫升。
最好的接收容器，是选择150毫升（略大于130毫升）容量的长颈瓶3个。

分阶段接收的好处

1. 易于观察过程与蒸馏完毕后产物的比较分析

   分成三个接收时段与分3个容器来接收，在蒸馏过程中与完成后，便于利用感官对三个容器所蒸馏出来的纯露进行评测，作为下次添加料液比例与接收纯露量的依据。

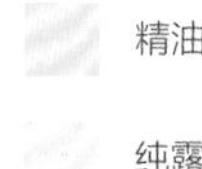

建议把收集的产物分阶段接收，易于观察过程与蒸馏完毕后产物的比较分析，如左图所示，能见到每个阶段所收集到的精油越来越少

如果收集到第三个容器香气还很浓郁，外观也可以观察到仍有许多精油，那么下次就可以添加更多的蒸馏水，收取更多的纯露；相反，如果收集到第三瓶纯露，香气有很明显的不足，精油量也几乎没有，就可以降低料液比例与收取纯露的量。

2. 避免操作过程的粗心或意外毁了全部的成果

蒸馏过程中如果有意外发生，例如不小心蒸干了溶液，造成植材烧焦，那么烧焦的味道就会跑进蒸馏产物中，造成辛苦蒸馏的结果失效。

1-6 蒸馏过程的观察重点与注意事项

蒸馏的时间，按照植材种类的不同，90~240分钟都有，在这段时间里面，我们除了要调整好火力的大小，搭配出最佳的蒸馏速度以外，还有很重要的工作——观察与记录；及时发现要点记录下来，也可以及时发现错误立即修正，仔细地观察与记录，是蒸馏工艺进步的基础。

颜色

使用蒸馏法蒸馏出来的纯露外观颜色应为透明无色，如果出现颜色，颜色的来源并不是纯露本身，而是纯露中混溶精油的颜色，所观察到的纯露应该是混浊状，略带有精油颜色的状态；如果蒸馏出来的纯露，出现类似泡茶的茶汤般清澈不混浊，却又明显呈现出黄色的状态，这时可能就代表蒸馏过程出现问题。

如果蒸馏出的纯露带有颜色，表示蒸馏过程有蒸馏底物的水溶液溢出而被接收到产物中的状况，这些水溶液并不是汽化的水蒸气，而是蒸馏器下方还没有经过加热汽化的水溶液；这种满溢出来的现象，最有可能发生在共水蒸馏的蒸馏方式中，因为植材充填的量过多，太过于靠近蒸馏器上方的蒸汽出口，并且沸腾幅度过大，造成下方溶液还没有汽化就溢出。

如果在蒸馏的过程中观察到纯露颜色有异，就应该先停止蒸馏，检查蒸馏器的充填状态是不是过满，改进后再进行蒸馏。

混浊度

蒸馏出的纯露混浊度可以显示出精油密度与萃取出的精油量。越混浊的纯露表示其中所混溶的精油越多，精油的密度也越接近水的密度。

土肉桂精油与纯露：土肉桂精油含量高、精油密度接近水的密度，所以纯露呈现高度混浊的状态

气味

蒸馏过程中，可以用嗅觉对不同时段所收集的产物做评测，芳香气味越浓，表示其中的挥发性成分越多；芳香气味越变越淡，也就表示其中的挥发性成分含量已经越来越少，这是在没有精密仪器测试时，最为简单有效的评测方法。

如果明显出现不正常的气味（如烧焦味、发酵后的味道、植材保存方式不当吸附了冰箱内其他食物的味道），可立即停止蒸馏，找出原因改进后再进行。所以，随时用嗅觉去观察蒸馏过程中的产物是很重要的一项工作。

刚刚蒸馏出的纯露，某些味道与原生植物有很大的不同，甚至有些会让人觉得有臭味，经过静置陈化后，气味会更佳。如果刚蒸馏出的味道自己不喜爱，也别即刻倒掉它，在冰箱放置一段时间后，再拿出来闻闻看，也许会有不同的感受，可能会有惊喜（例如依兰花、白兰花、柠檬马鞭草、晚香玉等）。

冷凝水水温

蒸馏过程中，冷凝水温度一旦升高则需更换，以确保提供持续的冷却效能。

冷凝水的温度会随着蒸馏时间的增加而上升，温度如果过高，会让蒸馏出的精油与纯露温度也过高，或是无法有效冷凝而造成蒸气直接从冷凝管中冲出。这些无法有效被冷凝下来的蒸汽都是产物的流失，所以我们必须随时注意并保持冷凝水处于室温或是相对低温的状态，当冷凝水的温度用手触摸会觉得温热时，就可以进行替换。

在循环的冷凝水中加入冰块，可以有效降低冷凝水的温度，让冷凝效果好一些，也可以让冷凝水的温度持续在低温长一点的时间。建议在冰箱里自制一些大块的冰块备用。

实验室或养鱼用的水族设备中也有一种冰水机，按照机种效能的不同可以提供不同低温的水作为冷凝的循环水使用，操作起来很方便，冷凝效果也非常好，只是价钱并不便宜，功率越高、价格越贵。

以厨房的水槽作为冷凝水的储存容器最为方便，水温过高时，可以直接打开放水口放水，同时打开水龙头即可补充冷水

其实在家中DIY蒸馏，最适合的场所是厨房，直接使用家中炒菜的燃气炉或电热炉，然后将厨房的水槽当作冷凝水的储存容器，剪取合适长度的冷凝水管，然后将循环水泵放置在水槽内；当冷凝水的水温过高时，直接打开下方的放水口进行放水，然后再打开水龙头将冷水补满，这是最为简便的方法。

操作中勿离开

这点是相当重要的！蒸馏过程在3～4小时，有时大意离开去做点别的事情，再回来时可能就已经发生锅烧焦、水管喷水、锅没有装好而产生的漏气等意外状况，毁了所有的成果。因此，操作中最好全程都不要离开。另外，不管是用明火加热或是电热加热的方式，关上火源、电源前不可以离开现场，这也是居家防火防灾的基本要点。

1-7 学习写自己的 DIY 实验记录

DIY自制精油与纯露，可以试着用最简单的方式，以文字、照片、影像等，记录下每一个过程与结果，作为日后改进蒸馏工艺的参考。以下是我以蒸馏玫瑰纯露为例所写的实验记录，供各位参考。

日期/　2019年3月10日
天气/　晴、气温22摄氏度
地点/　台中市雾峰区
湿度/　潮湿（玫瑰花田刚浇过水）
植材名称/　秋日胭脂，外形形似包子，俗称“包子玫瑰”
英文名称/　Autumn Rouge，品种来自日本

早上约9点，到达台中市雾峰区一座专业种植玫瑰的农场采收，此玫瑰园采用无农药自然农法种植，属于食用级玫瑰，此品种玫瑰香气浓郁，不同于一般玫瑰，香气中带有茶香。

根据种植者说明，此品种玫瑰因为病虫害少，可以不喷洒农药，同时也很容易种植、好照顾，因此园主的田里只种植两个品种的玫瑰，包子玫瑰是其中之一。

包子玫瑰的花瓣皱折很多、密集且花瓣数也多，盛开时花瓣往内包覆，形状像包子，与我以往所见的玫瑰有很大不同。一朵包子玫瑰的花，重量在7～8克。

在田里采收时，挑选约八成开花的花朵，置于纸袋中返回工作室，预计返回工作室时间为晚上7点，立即开始进行蒸馏。

本次共计摘采30朵，在回程的途中整个车内充满玫瑰的香气，香气确实与市售观赏用玫瑰大有不同。返回工作室后，立即将玫瑰平铺于桌面备用。

预处理

1. 采全朵玫瑰花进行蒸馏，保留花萼的部分，仅将花萼下方多余的茎去除。
2. 玫瑰花秤重200克。

料液比例

1 : 3
玫瑰花瓣200克
蒸馏水600毫升

预计接收500毫升纯露，分为3个阶段接收，准备3个200毫升容量的接收瓶。

蒸馏过程

{下午7:10}
开始蒸馏，电陶炉一开始调至最高火力为1300瓦。

{下午7:20}
沸腾并开始有纯露馏出，立即将电陶炉火力降为800瓦，开始接收（1号接收瓶）；开始计算蒸馏速度、调整火力。

{下午7:20~7:50}
30分钟约收集100毫升（此火力大小预计蒸馏时间为2.5小时，不再调降火力，就以800瓦蒸馏到结束）。

{下午8:20}
馏出后1小时，1号瓶已经收满约200毫升，续接2号瓶（火力仍保持800瓦）。
笔记：1号瓶所得的馏出液香气饱满浓郁，香气与鲜花十分相似，纯露清澈，上方无明显精油层。

{下午9:20}
2号瓶收满（约200毫升）续接3号瓶（火力仍保持800瓦）。
笔记：2号瓶所得的纯露香气与1号瓶相比并没有明显的不同，香气仍十分浓郁。

{下午9:55}
3号接收瓶已收取约100毫升纯露，已达预估收集量。关上电源停止蒸馏，冷凝水仍保持循环，等降温后再关闭。
笔记：3号瓶内的香气有比较明显的淡化，并无前两瓶的浓郁，但仍有玫瑰香气。

2020/03/27所蒸馏的白柚花纯露pH检测，以照片形式记录

2019/12/2蒸馏所得的桧木纯露pH检测，以照片形式记录

后处理

1. 分别检验三个瓶子中纯露的pH，所得结果分别为5.25、5.43和5.67。
2. 以滤纸过滤后，将纯露放置于冰箱保存。

结论与改进

1. 首次使用强香型的玫瑰花进行蒸馏，纯露的玫瑰香气非常足，和以前使用的非强香型玫瑰花比较，感官香气的评价好太多了，下次一定要选用强香型的玫瑰。

2. 这次设定的蒸馏时间为2.5小时，比文献建议的时间240分钟短了很多，下次可以尝试用600瓦或450瓦，延长蒸馏时间，看看蒸馏所得的纯露是否香气更佳?

3. 第三瓶纯露的香气虽然有明显的衰退，但还是有很明显的玫瑰花香，分批接收后要装瓶前会先将三瓶合并，所以1：3的料液比例是可以的。

将蒸馏植材、制成纯露的整个过程进行记录，清楚写下植材来源与取得、采摘时间与日期、料液比例与详实的过程，从馏出开始计时到结束蒸馏为止，这些详实记录与结论、改进，都可以作为往后蒸馏制作纯露、精油的资料库，再从每次的记录中得到最完美的料液比例与蒸馏时间、速度。

1-8 蒸馏后处理

精油与纯露的分离

蒸馏完毕后，产物就是珍贵的精油与纯露，后处理步骤就是把所得的精油与纯露油水分离，接着纯露要进行必要的过滤工序，最后进入容器消毒、灭菌与分装的阶段。

在萃取含油量高的植材时，较高的得油率才能在油水分离器或分液漏斗里见到明显的油水分离状态。

出现分层的状态，才需要进行精油与纯露油水分离的工序。例如茶树、柑橘类、香叶万寿菊等，这几种植材的精油含量很高，会出现很明显的精油、纯露分层状态；而如果是花朵类植材，例如玫瑰花、白柚花、月橘等，就不需要使用油水分离器，因为花朵类植材的精油含量很低，蒸馏产物中几乎很难见到精油与纯露出现分层的状态，如果没有出现明显的分层状态，就不需要操作这道工序。

如果没有出现明显的精油层，混溶在纯露中的精油可以分离出来吗?

答案是肯定的。但是，要取出纯露中混溶的精油，就必须使用溶剂萃取的方法，溶剂萃取的工序一定会使用到大量的有机溶剂，如正己烷、石油醚等，考虑到以下两点原因，在这本书中并没有章节来教大家在DIY时使用有机溶剂分离精油。

原因1：有机溶剂多为沸点低、具有一定生理毒性的可燃性液体，操作起来具有一定的危险性，在没有专人指导的状态下进行DIY，很容易发生危险。

原因2：使用有机溶剂萃取纯露中混溶的精油，如果没有正确的工序与工艺，很容易造成纯露中有机溶剂残留的状况，产生使用上的疑虑，反而浪费了这些珍贵的纯露。

蒸馏示意图，以分液漏斗为油水分离的装置

油水分离用的梨型分液漏斗

铜制油水分离器，蒸馏过程中可以连续不断地收集纯露并分离出精油

油水分离时混溶的状态与杂质清晰可见

进行油水分离的时机

精油与纯露无法互溶，所以蒸馏产物经冷凝后滴入收集容器时，精油与纯露会自然分离。如果精油馏出量较大，会看到精油与纯露明显分成上下两层；但如果精油馏出量较少，可能只会看到混浊、不透明的纯露，而看不到分层的状态。

刚蒸馏完毕时，并不是最好的油水分离时机，此时混溶在纯露中的精油分子还没有足够的时间，能完整从水层跑回精油层。所以，最好的方法是蒸馏完毕后，将收集容器盖上或密封起来，放在照不到阳光的阴暗角落（冰箱也可以），静置大约几个小时，当你见到纯露很明显变得比较清澈时，再进行油水分离。

一般来说，油水分离的最佳温度在40～60摄氏度，低温反而不利于油与水的分离，所以静置在冰箱里等待分层的效果会比放在室温中来得差，但是冰箱低温的环境相对于台湾气温较高、变化较大的室温更稳定，特别是有些精油与纯露等待分层的时间可能需要1～2天（如土肉桂）才会出现明显的分层，所以如果静置时间比较长，建议先保存在冰箱中，在保存上比较没有疑虑。

进行油水分离的器具与操作

接下来，就要进行精油与纯露分离的操作。操作的方式及需要的器具，可以选择下列几种方法。

1. 滴管、吸管、移液器

一般常见的市售吸管、滴管及移液器，大概有下图这几种，尽量挑选尖端比较长、比较细的外形；材质则选择玻璃，因为会接触到精油，玻璃材质的耐化性以及精油在玻璃表面的流动性也会比塑胶吸管来得好；容量则不要选择太大，一般1～5毫升即可。另外，实验室用的移液器或是定量吸管，效果也都很不错，有各种不同容量可以选择，再搭配相对应的吸球，可以很方便地操作。

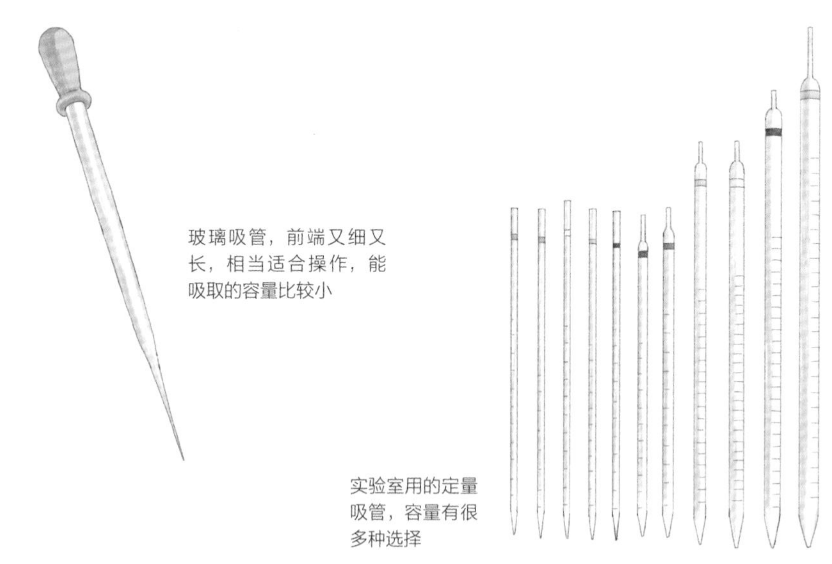

玻璃吸管，前端又细又长，相当适合操作，能吸取的容量比较小

实验室用的定量吸管，容量有很多种选择

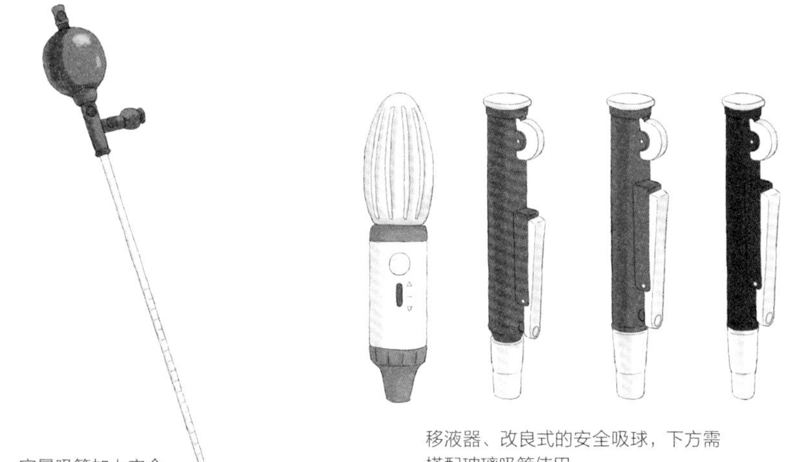

定量吸管加上安全吸球，操作起来相当方便

移液器、改良式的安全吸球，下方需搭配玻璃吸管使用

2. 针筒

针筒就是一般进行医疗注射用的针筒，可以在药店或医疗器械店购买，有2～10毫升等不同容量能选择，请按照要分离的精油量选择合适容量。

用针筒进行分离的效果相当不错，同时因为针筒是医疗用品，所以买来的时候都是无菌状态，不必另外进行灭菌就能使用（若需重复使用，记得先灭菌）。

{使用针筒、吸管、滴管、移液器进行油水分离的操作方法}

1. 缓缓吸取长颈瓶上方之精油层，小心不要吸到下方的纯露。
2. 尽量放置于精油层的上方吸取。

{使用分液漏斗进行油水分离的操作方法}

1. 将分液漏斗置于铁架台上。
2. 检查确保分液漏斗下方活栓关闭。

注：进行油水分离的所有容器，因为会接触到产物，必须先用75%酒精消毒后方可使用。

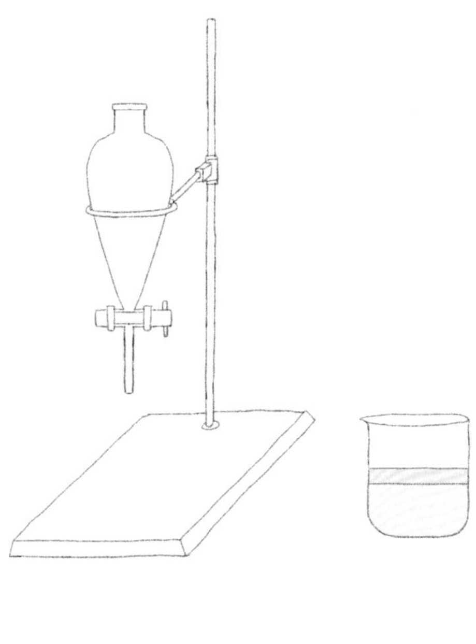

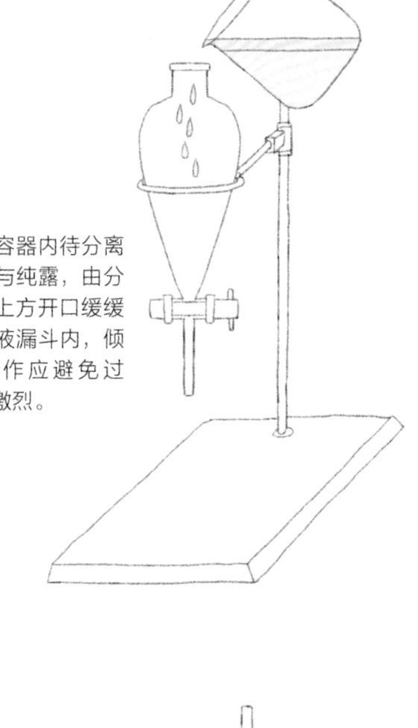

3. 将接收容器内待分离的精油与纯露，由分液漏斗上方开口缓缓倒入分液漏斗内，倾倒的动作应避免过快、过激烈。

4. 待分离的精油与纯露倒入分液漏斗后，先进行静置，观察到精油层与水层明显分层后，再进行下一步骤。

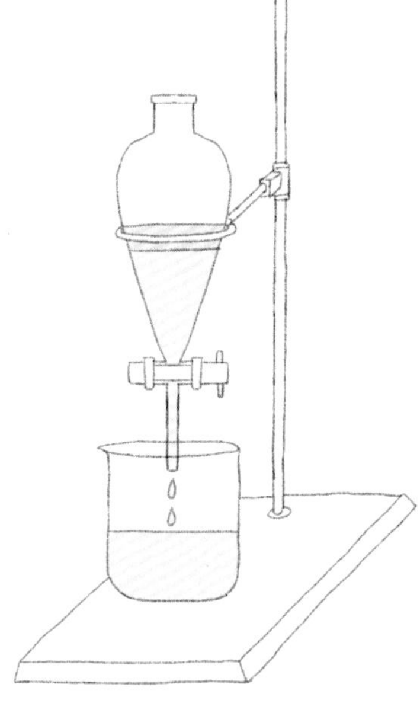

5. 取一容量合适的接收容器置于分液漏斗下方。
6. 先打开分液漏斗上方的活塞（没有打开液体无法流出），然后慢慢转开分液斗下方的活栓，让分液漏斗下方的纯露顺着下方的玻璃导管流出，流入下方接收容器中。
7. 当上方精油层慢慢下降到接近活栓出口时，调整活栓的开关，放缓滴出速度。
8. 放缓滴出速度后，当下方纯露完全滴出，立即关闭活栓，保留上方的精油层。

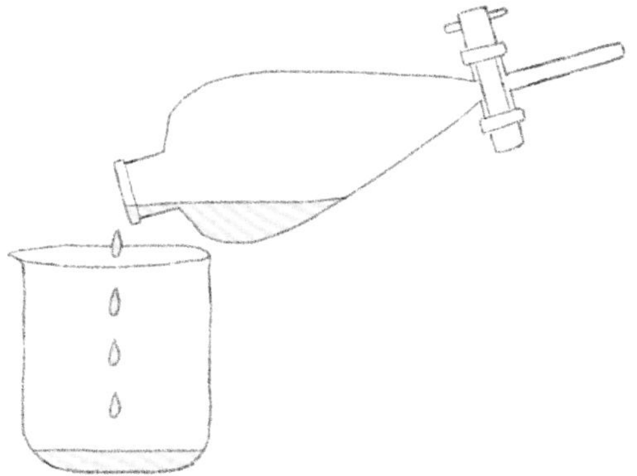

9. 选择容量合适、茶色或深色的避光精油瓶，将分液漏斗内的精油层，缓缓倒入精油瓶中。

注：要从分液漏斗上方的开口倒出精油层，而不要使用下方的活栓放出精油层，以免分液漏斗下方玻璃管内残留的纯露，又混入精油层中。

3. 分液漏斗

分液漏斗是实验室设计专门用来分离两种互不相溶液体的仪器，可以在化工仪器商店购买或通过网络购买，一般合适DIY的容量是250毫升、500毫升及1000毫升。

如果选择使用分液漏斗，同时还要购买架设分液漏斗的铁架和铁环，铁环的大小必须与分液漏斗的大小相搭配，250毫升及500毫升搭配中号大小的铁环（直径约7厘米），1000毫升搭配大号的铁环（直径约10厘米）。

另外，购买分液漏斗时，尽量挑选上方瓶塞及下方活栓是聚四氟乙烯（俗称：铁氟龙 PTFE）材质的，而不要选择玻璃材质，因为聚四氟乙烯的气密性、便利性及各方面的表现都优于玻璃材质。

精油萃取收率的计算

完成了油水分离的工序，将蒸馏所得的精油与纯露分离之后，我们要计算一下精油的收取率，作为一项重要的实验记录与参考数据；通过收取率进行多方面的比较，成为下一次选定植材、预处理植材或蒸馏工艺改进上的参考指标。

重点1　不同的植物品种，哪一种所得到的精油萃取收率比较高？

重点2　相同的植物品种，种植的品质越好、种植的地点越合适此类植物生长、采收的季节和时间与方法越正确、预处理的方式越优良，都能让精油萃取收率有所提升。

重点3　蒸馏的温度、速度与蒸馏时间的长短，哪一个是最佳萃取收率的搭配？

重点4　精油萃取所得的量［毫升/蒸馏植材的重量（克）×100%＝精油萃取收率］。

举例说明/

1. 柠檬果皮：重量500克，切成小块状。

2. 收取柠檬精油总量：多个接收瓶接收后，合计共6.2毫升。

3. 柠檬精油的萃取收率：6.2/500×100%＝1.24%

也许有人会想纠正这个萃取收率的计算方式，因为按照化学上浓度的计算，无论是质量分数与体积分数，分子与分母都应该是以同一个单位下去进行计算；也就是说，我们作为分子的精油收取容量是以毫升为单位，但分母柠檬果皮却是以重量克为单位，这样分子与分母是两种不同的单位，并不符合在同一个单位条件下的重量或容量的计算规范。

之所以这样建议，是因为不同精油的密度都不尽相同，一般为0.8～1.1克/毫升，如果要将所收取的精油容量去换算成它的重量，必须先去查找该精油的密度，才能够进行换算。

那么，该如何查找到品种相同、又可靠的数据？就会成为另一个问题。我建议直接用上述公式去计算，省去换算成重量的步骤所造成的误差，范围也会落在+20%～-10%。

有时候你会在查找到的文献或网络资料上，阅读到植物的含油率，这个含油率的数据跟我们所计算出来的萃取收率其实是相同的计算模式，只是含油率数据的测定，其程序步骤与时间在各国有严格标准规范，所使用的蒸馏器材与我们DIY的蒸馏器材也不相同，所以这个含油率的数据只是提供参考值而非绝对标准。一般实际操作中含油率会大于我们实际的萃取收率。

一般来说，我们DIY蒸馏植材所得的精油萃取收率，都会小于这个含油率，如果所得越接近这个数字表示蒸馏技巧越好；若远低于这个数据也不要灰心，只要能一次次提高蒸馏精油的萃取收率，就表示蒸馏技巧与工序都有进步。

在每一次DIY蒸馏的过程中，详细记录下每一个实验的步骤、结果，作为下一次改进的基础，蒸馏达人的目标会离你越来越近。

分装使用的容器与容器的消毒

蒸馏过程中用来接收的接收瓶、过滤用的漏斗、蒸馏出口处延伸用的硅胶管、分装用的瓶子——所有会接触到蒸馏产物的容器，一定要先消毒灭菌。

蒸馏过程所产出的纯露与精油，除非是蒸馏过程出现问题，否则产物一定是无菌的状态，也就是说，如果DIY生产出来的纯露，放置一段时间后，纯露里面有因受到污染而产生的菌丝，这些污染来源几乎都来自于后处理过程，是接触到产物的这些容器，没有灭菌消毒完整所导致的。

灭菌的操作方法

用75%的酒精喷洒容器内侧瓶壁，注意要喷到每个死角，避免有地方没有喷到

1. 首先，在操作此步骤时一定要先戴上手套、头套（浴帽也可），以防止头发、细屑等掉入纯露中。

2. 用75%的酒精（乙醇）喷洒会接触到产物的物品表面（如接收瓶、分液漏斗、分装瓶的内侧瓶壁、漏斗的接触面、硅胶管的内壁、吸取精油用的吸管、移液管等）喷洒时务必让酒精完整覆盖接触面。

注：如果是接收瓶或分装瓶这类容量比较大的容器，也可以直接把75%的酒精倒至六七分满，然后充分摇晃瓶身，让整个瓶子的内壁都接触到酒精，再把酒精倒入下一个分装瓶内，依此类推，重复同样操作，把每个需要消毒的容器都消毒完毕，使用后的酒精再倒回酒精储存瓶中保存，下次还可以继续使用。

3. 酒精倒掉后，瓶中多少会有酒精残留，先把这些残留酒精尽量甩出来，再加入适量蒸馏水去清洗酒精接触过的瓶壁，将残留酒精清洗出来。

4. 最后，把清洗用的蒸馏水倒掉，就完成了最简易、最有效的灭菌程序。

小分享

消毒用的酒精，可以去药房买500毫升瓶装的95%酒精，自行稀释为75%的酒精，因为市面上75%的消毒用酒精，它的添加物比较多，气味上也比较不好闻，我们装载充满香气成分的纯露，最怕这种不好的气味混入产物中；而95%的酒精不含任何添加物，乙醇所散发出来的味道也比较柔和，没有刺鼻呛辣味。所以，不管你是在调配芳香产品或是在消毒容器的过程中需要用酒精，都建议将95%酒精自行稀释后使用。

注：500毫升的95%酒精＋133毫升的蒸馏水＝633毫升的75%酒精

分装容器材质的选择

装精油宜采用茶色玻璃瓶或深色可避光的玻璃瓶，塑胶类的材质不适合装载精油；分装纯露的容器，材质可选择性则比较大，像是市面上售卖的塑胶类容器，不管是PET、PP或PE，基本上耐化性都足以抵抗弱酸性的纯露，但还是建议选择深色或不透明的款式；而玻璃材质、铝制材质也可以用来装载纯露，即使用玻璃瓶，也一样建议采用茶色或深色的避光瓶，因为纯露与精油一样怕光，遇光容易让精油与纯露中的光敏性成分产生质变。

过滤

在纯露萃取完成后，必须使用滤纸将纯露过滤一次，许多细小的杂质是肉眼所看不见的，因此过滤这道程序绝对不能少，才能确保所得纯露的品质。至于滤纸的选择，我们可以选用实验室用的滤纸或是未漂白的咖啡滤纸。

过滤工序示意图1

过滤工序示意图2

实验室用的滤纸，盒子上的号码表示对应的滤纸孔径与过滤速度

DIY完成，在瓶上标示蒸馏植材名称与日期

瓶中为油水分离后收集到的茶树精油

2019/06/01蒸馏完成的晚香玉纯露，装瓶保存

纯露的pH一定是呈现酸性状态（pH常介于4～6），这也是一个用来辨别纯露特性的数值；如果纯露检测出来的pH不在酸性的范围以内，就代表所含的成分有问题，也许是蒸馏中某个环节出了错，又或许是纯露的保存过程出现瑕疵。

对于DIY的读者们，我们当然不可能购入价值数十万人民币的气相质谱仪来检测自己DIY的产品，因此我们除了用自身的感官去评鉴DIY蒸馏出来的精油与纯露，还有一个最科学的方式就是依靠pH检测。

对于纯露pH的检测，一般DIY蒸馏的读者可以选用以下两种方式，这两种方式及其优缺点，分别叙述如下。

pH计/酸碱度计

pH计是一种可以用来测量液体pH的电子仪器，一般会由一台主机与一个玻璃电极两个部件所组成，使用上就是将玻璃电极插入待测的溶液之中，然后就可以从主机的荧幕上读到该溶液的pH。

使用这种电子式的酸碱度计有几个要注意的地方，也可以当成使用这类电子仪器的优缺点。

- pH的检测精准，直接以数字的方式呈现，非常容易判读。
- 操作与保养上需要较专业的技能，例如说检测前一定要“三点校正”，玻璃电极的保存保养也有很多学问，否则很容易因为长期没有使用或是电极头的污染、保养不当造成检测的误差，甚至无法使用。
- pH计的品质与价格范围落差很大，DIY的读者比较难挑选。这类精密的实验室仪器，产品的品质就决定了你检测出来的数据是否真的准确，这类商品网络上有售，各种价位都有，一般DIY读者很难判断哪种才是最佳选择。这些检测分析的电子仪器是“一分钱一分货”，太便宜的pH计不要买。

- 精密的电子仪器，保养维修都会比较花钱。特别是这类商品，除了原厂以外，你几乎找不到可以维修或是更换零件的地方。

如果读者真的有心想要投资购买这类pH计，建议先上网做做功课，网络上都有大量的影片及资料教你如何正确的操作pH计，了解该如何操作后，再挑选品牌以及找到正式代理的商家购买，以免产品没多久就成了“维修孤儿”。

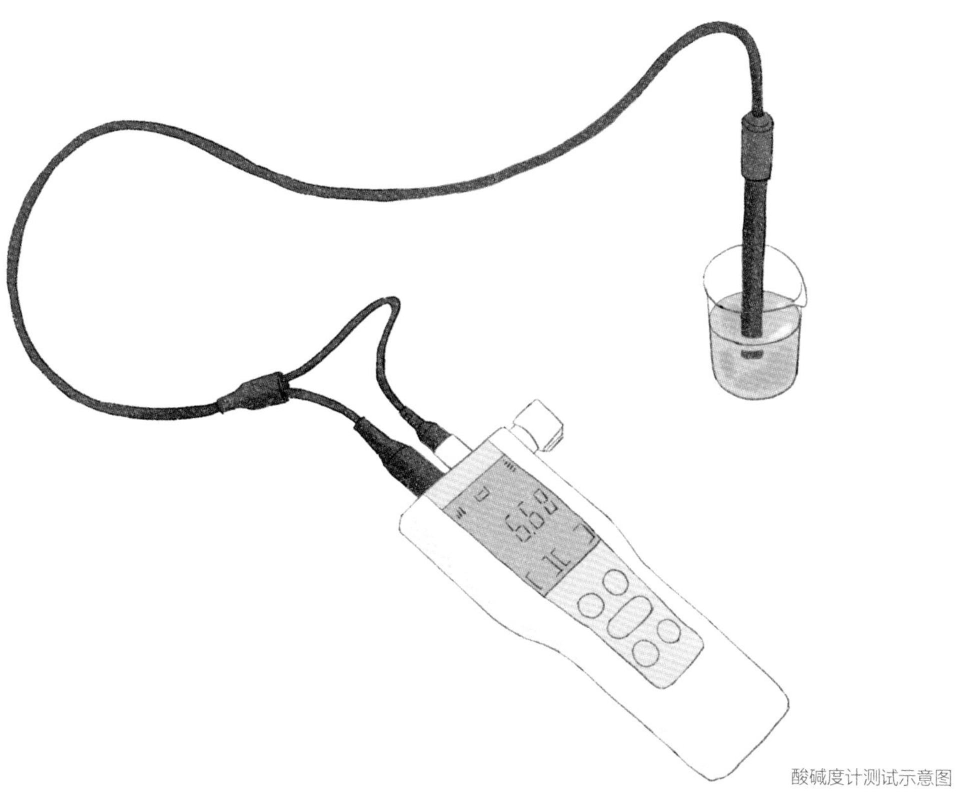

酸碱度计测试示意图

pH试纸/酸碱试纸（推荐用法）

这类试纸可以依据观察试纸颜色的变化来判定检测溶液的pH，这是最为简单便捷的方法，也是我推荐给读者的方法。产品的优缺点与购买建议如下。

- 这类试纸是靠颜色来分辨测得的酸碱度，有时候试纸颜色的变化与样本颜色在比对上比较模糊而难以判断，精准度比较差。
- 一般大家常用、常见的pH试纸，它的pH检测范围在1～14。这类试纸售价比较便宜，用来检测纯露的pH没有问题，只是测量精度会比较差（如下方图左）。
- 在这个单元中，推荐给读者使用一款测量精度比较高，测量结果也较为精准的试纸与它的用法（如下方图右）。

这类精密试纸，它所检测的范围比较小，如产品型号为MR的试纸，它的检测范围在pH 5.4～7.0，型号BCG检测的范围在pH 4.0～5.6，型号PP的检测范围则是pH 3.4～6.4。

建议读者可以购买几本不同型号的精密试纸，让它的检测范围可以涵盖纯露最常出现pH的范围，然后替换使用不同型号的试纸，就能较精准的判读待测纯露pH。

举例来说，纯露一定呈现酸性，故只需准备两款测量酸性范围的试纸，如型号BCP pH 5.6～7.2以及BCG pH 4.0～5.6。

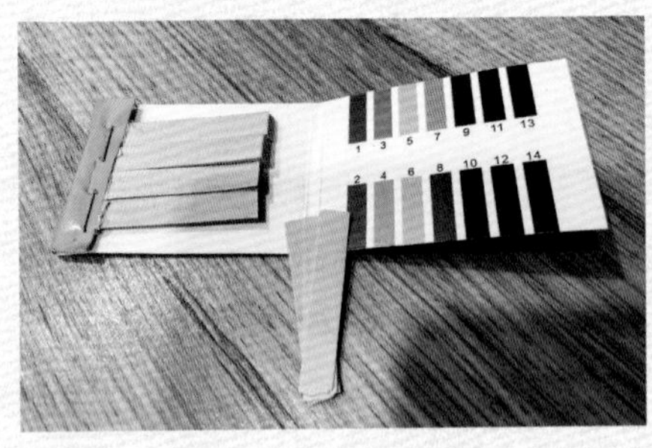

一般最常见的pH试纸，测量范围是pH1～14，售价非常便宜但准确性较差

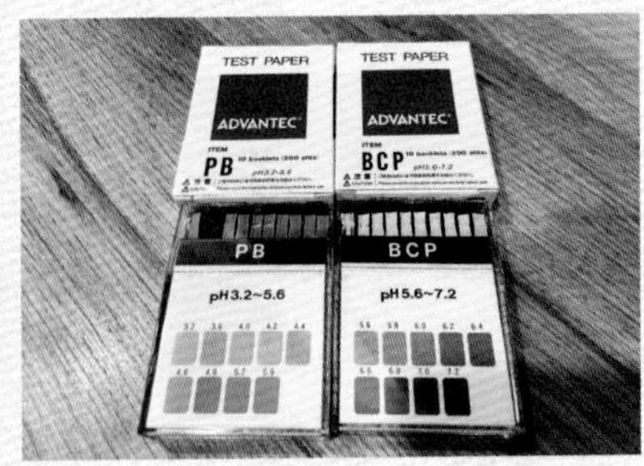

日本TOYO的pH试纸，不同的型号可测的pH范围不同，比一般试纸的测量精度高

当我先用型号BCP pH 5.6～7.2去测量纯露时，发现试纸显示颜色与试纸样品颜色比对之下，对应的pH是最低的5.6，因为待测的纯露有可能pH会比5.6还要低，所以要再用型号BCG pH 4.0～5.6对纯露再进行一次测试，看它呈现的颜色所对应的pH是多少。一般而言，使用这两款型号的试纸就可以精准检测pH 4.0～7.2的酸碱度了。

日本TOYO试纸的产品型号与对应的pH测量范围

产品		编号	pH测量范围
CR	Cresol red	07010010	0.4～2.0，7.2～8.8
TB	Thymol blue	07010020	1.4～3.0，8.0～9.6
BPB	Bromophenol blue	07010030	2.8～4.4
PB	Phenol blue	07010090	3.2～5.6
PP	Phenol purple	07010130	3.4～6.4
BCG	Bromocresol green	07010040	4.0～5.6
CPR	Chlorophenol red	07010100	5.0～6.6
MR	Methyl red	07010050	5.4～7.0
BCP	Bromocresol purple	07010140	5.6～7.2
BTB	Bromothymol blue	07010060	6.2～7.8
PR	Phenol red	07010150	0.0～1.6，6.6～8.2
AZY	Alizarin yellow	07010070	10.0～12.0
ALB	Alkali blue	07010080	11.0～13.6
UNIV	Universal	07010120	1.0～11.0
No.20	MR & BTB	07010110	5.0～8.0

pH试纸的用法

1. 取少量待测的纯露，然后将pH试纸的一端浸入待测纯露中，等待一两秒后取出，或用滴管吸取、玻璃棒蘸取少量待测纯露滴到pH试纸上，然后等待试纸的颜色产生变化。

2. 将颜色发生变化的试纸与pH试纸的颜色比对卡进行比对，就可测得纯露的pH。

1-9 纯露的保存与香气的改变

陈化

若你刚开始接触纯露蒸馏，有时候会发现蒸馏出来的纯露，香气跟植材本身有很大的差异又或是香气很“呛”、很“不好闻”，请你先不要把它倒掉，先储藏一小段时间后，再去闻闻它的香气，也许你会发现它有很大的改变。

我们以中文名词“陈化”来讨论其作用机制与原理。

低沸点成分挥发

蒸馏出来的纯露在保存容器中，随着存放时间增加，纯露中沸点比较低的成分，容易挥发逸散到容器上方的空间之中。

低沸点的组分慢慢挥发，整体纯露中的组分因此起了细微的变化，各组分的含量改变，也就造成了整体气味、活性成分的改变。

若是使用上方保留较大气体空间的容器，会让低挥发的组分拥有较大的逸散空间，对于此项作用就会有较大的影响。举例来说，纯露只装五分满，会比装载九分满的挥发影响更大（上方空间相对较大）；在储存的阶段，可定期将上盖打开，让蒸馏时接收到的低沸点、挥发性较高的成分挥发到大气，也有助于气味陈化。

溶解氧的氧化作用

纯露中除了各组分的活性成分之外，绝大部分都是水，而精油则几乎不含水，所以溶解氧的氧化作用对纯露的影响就明显要比精油的影响大。

接着，我们就来简单解释溶氧量的特性。

1. 水的温度

饱和溶氧量随着水温的上升而下降，所以将纯露放置在温度较低的地方保存（阴凉处、冰箱），能够让纯露中保持有较高的饱和溶氧量，也就相对让溶解氧的氧化作用有比较大的影响力。所以我们一直建议学员把蒸馏好的纯露放置在冰箱中保存，除了增长保存期限之外，也有一部分是因为此作用的缘故。

2. 杂质

水中含有大量杂质时，其饱和溶氧量会下降。纯露中含有许多有机化合物，根据此定律，纯露中的饱和溶氧量会比纯水来得少。但基本上，如果蒸馏工艺、工序及格，纯露中除了应该有的活性成分外，应该不会有其他的无机物或杂质。所以杂质对于纯露中溶氧量的影响，应该不太需要考虑。

酯化与水解的平衡

醇氧化成醛、醛氧化成酸、酸与醇又可以结合生成酯。上述作用将逐渐发生在蒸馏出来的纯露中，但是一般来说，纯露并不会刻意长时间去保存，所以此作用产生的时间比较短。

但是，这几种有机化合物间的相互转化，就是纯露存放一段时间后的香气和刚蒸馏出来时香气有明显不同的原因之一。此处用酯化与水解的平衡对蒸馏后白酒的影响来解释这一现象。

根据实验，蒸馏新酒中的酯类含量在储存的第一年含量逐渐增加，而酸的含量则是逐渐下降。这是因为在储存初期，是以酸与醇合成酯的酯化反应为主。但随着储存的时间再增长，酯又会发生水解反应直到平衡，所以此反应的现象是一种动态的平衡。

储存容器表面的影响

储存容器的材质，也会对陈化过程产生不同的作用力度。

如果是用金属容器储存，则会产生有机酸与金属容器表面的作用，另外也会有金属离子的影响。我曾在花莲酒厂看过把金箔放置在高粱酒中的金箔酒，酒厂的销售人员解说，高粱酒中加入金箔，可以让3年酒品尝起来如同7年酒的香气与口感，这个就是金属离子可以加速陈化过程的作用。

但是，毕竟我们要保存与讨论的是纯露，纯露的保存时间不会像陈酿的白酒一样，动辄3～30年，另外，酒类含有大量的乙醇，基本上不太会有微生物、菌丝污染的问题，所以我们还是建议保存的容器以易于清洁、灭菌为主，而关于容器表面对于陈化过程的影响，就了解一下它的原理即可。

基于以上几个陈化的作用机制与原理，也考量到器材器具的简化，给予所有DIY制作纯露者以下建议。

将蒸馏收集的纯露，保存在七分满的玻璃容器中，容器外壁可以用铝箔纸包裹避光，放置在冰箱冷藏，每隔几天到一周，打开上盖来观察一下气味的变化，同时记录下纯露气味改变的状况。

根据我自身的经验，有好多种纯露在储存一段时间后散发出来的香气，远比刚蒸馏出来时更令人惊艳。

陈化的时间要多久比较好

蒸馏所得的纯露，由于没有添加任何能增加保存期限的成分，都会建议尽量在一年内将其使用完毕，不要保存太长的时间。

所以，陈化这个阶段就不适合占用掉太多“纯露的寿命”。若是为了得到较好的香气，陈化进行了6个月，那么纯露的最佳使用寿命就只剩下6个月。如果生产是为商业用途，必须再扣除包装、运输、销售的时间，那么可能在消费者买到的时候，就只剩下很短的保存期限了。

因此，陈化的时间与纯露的寿命，两者之间还是需要有所权衡。（一个月的陈化时间也许是比较恰当的时间。）

纯露成品图

CHAPTER 2

易于取得！能萃取纯露的植物

Plants for Hydrosol

2-0 DIY 实操前要做的第一个实验

在上一个章节，我们阅读到蒸馏的原理与要素，本章将会讲解DIY蒸馏精油与纯露的实操。

本章节22种植材的蒸馏操作，除了植材预处理的注意要点外，都会提到两个蒸馏条件：植材的料液比例和蒸馏时间。为了能更理解并且运用这两个蒸馏技巧，在DIY蒸馏前，建议先进行以下第一个实验操作。

实验目的

每个人选择的蒸馏器外形、设计各有不同，搭配的热源也不一样，这都会影响蒸馏时间、速度的控制，这个实验的目的是让读者对自己使用的设备、能控制的范围有初步了解，对本章蒸馏条件的运用，也就较能理解与运用。

实验所需的器材

蒸馏器、最常使用的加热用热源（燃气炉、卡式燃气炉、电陶炉等）、量筒或量杯（具有刻度可以判读容量的容器均可）、计时器。

实验方法与步骤

1. 将自己使用的蒸馏器加入六至八分满的蒸馏水或自来水（这个实验单纯只是要记录一些数值，并不收取什么产物，使用自来水也可以），然后搭配上自己使用的加热热源，冷凝循环的部分也设置好，将装置设成准备蒸馏的样态，接着在蒸馏出口放上量筒或是量杯，准备计算容量。
2. 将热源的火力调整到最大，开始加热。
3. 开始有水蒸馏出来时，按下计时器，时间设定为20分钟，开始计时或倒数。

4. 当设定时间来到20分钟时，立即将加热的热源关闭，同时立刻判读容器里蒸馏水的容量，再将加热热源火力控制的数值与蒸馏出来的蒸馏水容量记录下来。

例如燃气炉火力开最大，20分钟蒸馏出来的蒸馏水容量为300毫升。
电晶炉火力1300瓦，20分钟蒸馏出来的蒸馏水容量为300毫升。

5. 记录好以上数值后，静置5～10分钟，让蒸馏器中的水稍微降温，可以观察蒸馏器出口是否还有蒸馏水馏出，以判断水是否还在沸腾；等到水不再沸腾（也就是没有蒸馏水馏出后），将热源火力调降1/2，如果使用电子式热源，可以将加热火力调降1～2个档位，重新开始加热。
6. 再度开始有蒸馏水馏出时，按下计时器，时间设定为20分钟，开始计时或是倒数。
7. 当到了设定时间时，立即将加热的热源关闭，同时立刻判读容器里蒸馏水的容量，再将加热热源火力控制的数值与蒸馏出来的蒸馏水容量记录下来。

例如燃气炉火力为刻度的1/2，20分钟蒸馏出来的蒸馏水容量为250毫升。
电晶炉火力800瓦，20分钟蒸馏出来的蒸馏水容量为250毫升。

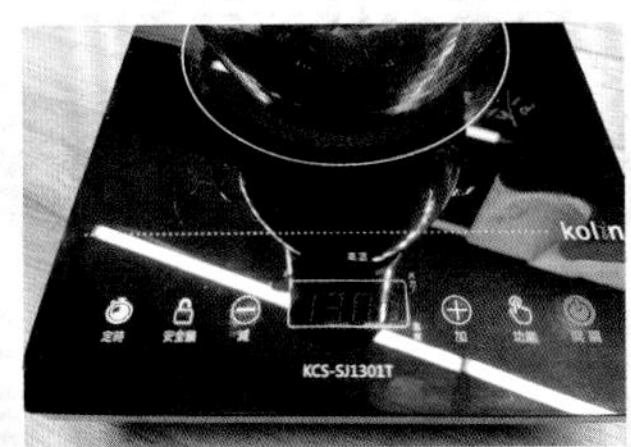

加热火力1300瓦，记录20分钟蒸馏出来的蒸馏水容量为300毫升

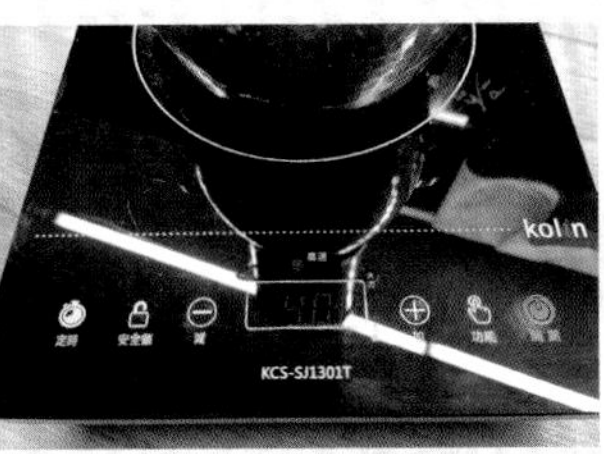

加热火力400瓦，记录20分钟蒸馏出来的蒸馏水容量为200毫升

卡式燃气炉火力控制在中火位置，记录20分钟蒸馏出来的蒸馏水容量为250毫升

8. 记录好以上数值后，同样静置5~10分钟，让蒸馏器中的水稍微降温，观察没有蒸馏水馏出后，将加热热源的火力调降到1/4的刻度，如果使用电子式热源，可以将加热火力再调降1~2个档位，重新开始加热。
9. 再度开始有蒸馏水馏出时，一样按下计时器，时间设定一样为20分钟，开始计时或倒数。
10. 当设定时间来到20分钟时，立即将加热的热源关闭，同时立刻判读容器里蒸馏水的容量，再将加热热源火力控制的数值与蒸馏出来的蒸馏水容量记录下来。

例如燃气炉火力在1/4刻度时，20分钟蒸馏出来的蒸馏水容量为200毫升。电晶炉火力400瓦时，20分钟蒸馏出来的蒸馏水容量为200毫升。

11. 记录好以上三个加热火力与蒸馏水量的数值后，结束实验。

实验数值的意义与运用

做完这个简单实验后，可以了解自己使用的蒸馏器与搭配的加热热源在不同火力控制刻度时，每小时所能蒸馏出来的量是多少。

如果在火力全开的状况下，20分钟蒸馏出来的量是300毫升，那么1小时蒸馏出来的量就是300毫升×（60分钟/20分钟）=900毫升，也就表示你的蒸馏器搭配上这个加热热源，最高的蒸馏速度是每个小时900毫升；火力控制在1/2刻度时，蒸馏速度是750毫升/小时；火力控制在1/4刻度时，蒸馏速度是600毫升/小时。

当然，除了1/2以及1/4这两个建议刻度以外，也可以多实验几个不同的控制刻度，将来在蒸馏条件的控制上会越精准。

在了解自有蒸馏器与加热热源能够控制的蒸馏速度后，该怎么将蒸馏时间带进去运用呢？

例如蒸馏玫瑰花所建议的料液比是1：4，蒸馏时间建议为180～240分钟。

如果这次要蒸馏的玫瑰花总重为300克，
蒸馏水的添加量是300×4（建议的料液比例）=1200毫升。

建议的蒸馏时间假设为180分钟，
也就表示蒸馏速度要控制在1200毫升/3小时=400毫升/小时。

把以上实验所得的数值套进来运用，就要将火力控制的位置放在比1/4刻度（每小时600毫升）还要低一点的位置，才符合最佳的蒸馏时间。

也就是说，如果蒸馏火力全开，蒸馏速度将达到900毫升/小时，加入1200毫升的蒸馏水，将会在短短1小时20分钟就蒸馏完毕，无法达到建议蒸馏时间，这时候蒸馏出来的精油与纯露，不管品质或是收率，都会大打折扣。所以，在蒸馏植材前，先了解蒸馏器与火源搭配在不同刻度时的蒸馏速度，就能轻松将蒸馏时间控制在建议范围内，以得到最佳的蒸馏品质与精油萃取收率。

* 记录不同刻度对应的蒸馏速度后，便能轻易运用本章建议的蒸馏时间，只要算出每小时要蒸馏出多少毫升，查看一下记录，找到对应的火力控制刻度，再把火力控制在合适刻度即可。
* 一般来说，同样的蒸馏器使用燃气炉的最高蒸馏速度会比使用电陶炉更快，因为燃气所提供的热能比较大，蒸馏速度相对会变快。
* 植材料液比例的多少与蒸馏时间的长短、蒸馏速度的控制，都与读者自身所使用的蒸馏器设计与加热方式的火力控制有绝对的关系，建议仔细阅读蒸馏原理相关单元，内有关于蒸馏条件控制的解说。

Tea
Tree

2-1 茶树

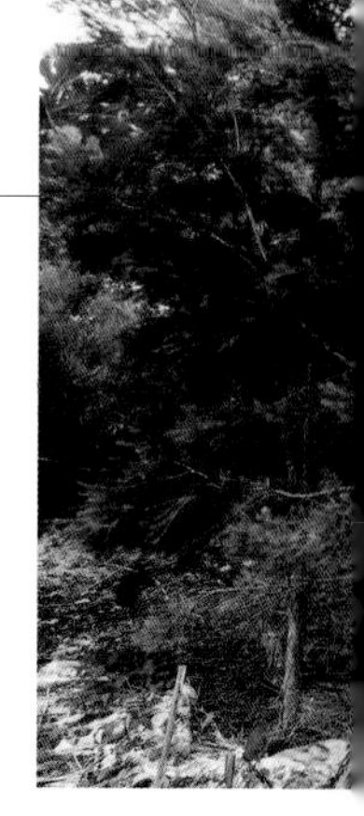

学名 / *Melaleuca alternifolia*

采收季节 / 一年四季

植材来源 / 淡水亦宸农场、绿之苑有机生态农庄

萃取部位 / 枝、叶

茶树又名互叶白千层、澳洲白千层，属桃金娘科*Myrtaceae*白千层属*Melaleuca*植物，原产地在澳洲的新南威尔士北部与澳洲东部的昆士兰，是澳大利亚著名的芳香植物树种。

从茶树的茎、叶提取出来的精油，就是茶树精油，它有多种的药理活性，也被广泛应用在医疗、日用化妆品、水果保鲜、香料等不同的领域。

茶树在台湾也有广泛种植，它很适合台湾的气候环境，许多花草农场也都有一定规模的栽种面积，并自行蒸馏精油与纯露。对于有兴趣蒸馏精油、纯露的读者，茶树植材的取得非常容易，有机会也可以亲自到农场参观相关的蒸馏设备与工艺，是一个非常适合蒸馏初学者的植材。

盛开的茶树

淡水亦宸农场的茶树，采用自然栽种法，不使用任何农药

小分享

茶树又称互叶白千层，原本是澳洲的特有种，近10多年来在台湾已经普遍被驯化种植，茶树具备许多抑菌功效，而且容易种植，同时可作为景观用树，因此在台湾的许多农场都有种植茶树。

这次前往淡水区一位学员的小农场，她种植了数十棵茶树。据她说，种下这些茶树已经有几年的时间，周边并无种植其他农作物，因此没有喷洒农药的需求。她提供的新鲜茶树的售卖，采用一般寄送方式植材仍可保持新鲜，这点在植材的运送上相对方便许多。

茶树纯露功能相当多，尤其适合作为居家常备的一款纯露，对于脂溢性皮炎有显著的功效，许多学员使用后都有不错的感受，搭配迷迭香纯露调和使用效果更佳。我也将其用于宠物狗的皮肤上，作抗菌除味用。

在医学的应用上，茶树精油具有很好的生物活性，被广泛应用于预防和治疗妇科感染、口腔念珠菌病、癣、疱疹、头皮屑等症状。同时也被用于昆虫叮咬、擦伤、烧伤及其他创伤伤口的处理。

茶树纯露是我在生活中使用最多的一款纯露，可以用于地板、浴室的清洁，衣物清洗或制成止痒的头皮喷雾，使用上非常多元，是一种便宜又好用的纯露。

我们先了解一下关于茶树精油品质的国际标准（ISO 4730—2017），其中规定了松油烯-4-醇（Terpinen-4-ol）的含量不可以低于35%，1,8-桉叶素（1,8-Cineole）的含量不可高于10%。

松油烯-4-醇有紫丁香的柔和香气，有广效的杀菌抑菌作用，是目前国际上对于茶树精油的主要利用成分，1,8-桉叶素则是茶树精油刺激性气味的来源，会影响精油的香气。

茶树精油的品质好坏就是以这两种化合物的含量多少来分辨，松油烯-4-醇的含量越高越好，而1,8-桉叶素因为会对皮肤及气管产生刺激，所以含量越低越好。关于茶树精油预处理及萃取工艺的研究，也都是以增加萃取收率和这两个指标化合物的含量作为研究目标。

茶树适合采收的月份，以每年的9月到次年的2月含油率最高，同时采收的间隔时间最好在五个月以上，采收的间隔时间在五个月以下时，松油烯-4-醇的含量可能还未达国际标准。

茶树到底要采摘什么部位？一般我们采收茶树时，不会只取其叶子，而是包含叶片、枝条或是直接从主干部截断，其实这些部位中的含油率与精油成分也有差异，老叶的含油量最高（1.89%），再来是嫩叶部

新鲜采收回来的茶树，浅绿色的是新生较嫩的枝叶

茶树预处理，剔除茶树的主干，并将枝叶剪成小段状

位（1.52%）和细枝条（1.48%），最后才是主干（0.39%）。

而各部位的精油中影响品质的松油烯-4-醇含量也有差异，嫩叶（33.7%）、老叶（40.1%）、枝条（31.3%）和主干（15.6%）；而1,8-桉叶素的含量则在这几个部位的精油中没有明显差异，大约都在1.3%以下。

因此，我们采收茶树时，应该选取老叶为最佳、嫩叶次之、再次才是细枝条。作为蒸馏原料时，主干部分不要使用，才能获得较高的得油率和较佳的精油品质。

茶树采收后，应尽快蒸馏完毕，因为干燥后的茶树，在含油率以及品质成分上都有降低的趋势，如果非得要先保存，建议用阴干的方式，不要使用阳光曝晒的方式。

收集下来的茶树嫩叶、老叶和枝条，我们就把它剪成3～5厘米的小段，粉碎的颗粒越小，越能够增加蒸馏的效率和得油率。

剪成小段后，我们还可以进行浸泡工序，这个工序对茶树精油的萃取收率也有帮助，建议的浸泡时间是6小时，再延长浸泡时间对于萃取收率没有影响。

茶树蒸馏前准备

茶树精油纯露蒸馏准备中

植材的料液比例=1：（6~8）

蒸馏茶树精油与纯露建议的料液比例为1：（6~8）。如果有进行浸泡的工序，注意粉碎颗粒的大小与浸泡时加水量的关系，尽量不要超过1：8这个建议值，如果到达建议值仍无法有效覆盖植材，可以再将颗粒剪小一点。

例

料：茶树细枝、叶200克

液：蒸馏水1200~1600毫升

蒸馏的时间=120~150分钟

蒸馏茶树，建议将蒸馏时间控制在150分钟以内。在蒸馏的前30分钟，蒸馏出来的松油烯-4-醇含量最高（约40%），蒸馏时间在120分钟之内，精油的萃取收率已经接近98%，在120~150分钟，相对的精油

预处理完毕的茶树枝叶，准备装入蒸馏器

油水分离器中清晰可见的茶树精油。这次课程的茶树取材自苗栗，精油颜色明显比较深

收率只占整体的2%，并且这个时段所蒸馏出来的松油烯-4-醇含量已经降到12%左右，低于茶树精油的国际标准，所以这个时段蒸馏出来的精油与纯露，反而会拉低有效成分的饱和度，降低整体品质。所以，蒸馏茶树的精油与纯露，建议把时间控制在120分钟左右。

蒸馏注意事项

a. 茶树精油为淡黄色到黄褐色，密度比水轻，可以使用轻型的油水分离器。蒸馏茶树可明显观察并收集到精油层，所以建议使用油水分离器或采用长颈容器以利于后续的油水分离。

b. 茶树是很适合蒸馏新手的植材，它的得油率高，容易观察到精油层，可以操作后续的油水分离，蒸馏工艺对产物的影响不太大，容错率比较高，蒸馏的时间也短。

c. 茶树精油的蒸馏，是少数在高压环境、较高的加热环境下对蒸馏产物品质有正面影响的植材，所以蒸馏茶树的蒸馏器，可选择性也比较高，回流比高的蒸馏器对产物的影响也不大。

d. 植材料液比例的多少、蒸馏时间的长短、蒸馏速度的控制，都与读者自身所使用的蒸馏器设计与加热方式的火力控制有绝对的关系，建议仔细阅读蒸馏原理单元中有关于蒸馏条件控制的讲解。

茶树精油主要成分（水蒸气蒸馏法萃取）

成分	含量
桉叶油醇/1,8-Cineole	6.05%
γ-松油烯/γ-Terpinene	17.94%
松油烯-4-醇/Terpinen-4-ol	34.61%
α-松油醇/α-Terpineol	3.50%
萜品油烯（异松油烯）/Terpinolene	3.63%
α-松油烯/α-Terpinene	9.08%
香橙烯/Aromadendrene	1.64%
α-蒎烯/α-Pinene	2.02%

茶树纯露主要成分（水蒸气蒸馏法萃取）

成分	含量
1,8-桉叶素/1,8-Cineole	26.30%
γ-松油烯/γ-Terpinene	0.11%
松油烯-4-醇/Terpinen-4-ol	67.25%
α-松油醇/α-Terpineol	3.29%
萜品油烯(异松油烯)/Terpinolene	0.02%
α-松油烯/α-Terpinene	0.94%
香橙烯/Aromadendrene	0.41%
α-蒎烯/α-Pinene	0.17%

Indigenous
Cinnamon

2-2 土肉桂

学名 / *Cinnamomum osmophloeum* kaneh
采收季节 / 全年（7～9月较佳）
植材来源 / 新北市新店区
萃取部位/叶

台湾土肉桂植株最高可以到达20米

土肉桂是樟科*Lauraceae*樟属*Cinnamomum*的植物，常见的别名有：肉桂、山肉桂、假肉桂、土玉桂，属于台湾原生特有种阔叶乔木，分布在全台湾的低海拔地区。花莲凤林种植了大约三万棵土肉桂，采用有机栽种，应该是台湾最大的土肉桂种植产区。

一般作为香料与药材使用的肉桂*Cinnamon*，是多种樟属肉桂植物树皮的通称，而肉桂主要的化学成分就是挥发性的精油，而精油中的主要成分为肉桂醛（桂皮醛），肉桂醛具有怡人的香气，也具有抗菌、抗白蚁、降尿酸、抗发炎、抗氧化、降血糖、降血脂、美白等生物活性的能力，所以广泛被应用于食品、饮品、香水的产业领域，大家最熟悉的可口可乐就有取材自肉桂的添加剂。

土肉桂在20世纪七八十年代，就被发现其肉桂醛以及其他次要成分的含量不输于其他品种的肉桂，重要的是，土肉桂挥发性成分含量最高的地方在枝叶，不像其他品种存在于树皮，所以更增加了土肉桂的利用价值。当我们要取其精油的时候，只要采收枝叶来进行蒸馏即可，不需要大费周章去砍伐树木取其树皮。

土肉桂是台湾的原生种，对它在各个领域的应用都有很多的研究报告，也发现越来越多的功效，如果想进一步了解这个属于宝岛的珍贵植物，不妨多搜寻一些相关资料来阅读，一定会对如何应用蒸馏出来的精油与纯露有更深入的想法。

土肉桂叶的特写

新鲜的土肉桂叶，其特殊香气似乎没有干燥后那么明显

干燥后的土肉桂叶，肉桂香气很浓郁

小分享

邻居家里的肉桂叶是走亲访友所获得的礼物，事实上我与肉桂是无缘的，以往在咖啡店里点上一杯卡布奇诺，咖啡上都会洒一些肉桂粉或放上一小枝肉桂，从此之后我就不再喝卡布奇诺，因为我实在无法接受肉桂的味道。

气味好恶很主观，有些人就非常喜爱肉桂，还会要求咖啡上肉桂要洒多一些呢！新鲜肉桂叶闻起来没什么味道，干燥后的肉桂叶气味就比较明显。准备蒸馏前，将叶片剪碎时，这独一无二的特殊气味会马上挥发、飘散在空气里，带有一些辛辣、刺鼻，可能也是因为这辛辣感，在料理上可去除肉腥味。

肉桂纯露是不错的一种料理型纯露，读者可尝试将肉桂纯露喷洒在蒸煮的肉类上，或是在咖啡里喷洒一些肉桂纯露。据文献显示，肉桂对于女性的生理期疼痛具缓解功效，可在月经前以100毫升的肉桂纯露加上5~10克的红糖制作茶饮，于一日内喝完，作为经期前养身用，肉桂纯露在食疗上是一款非常实用的选择。

肉桂的枝、叶和树皮都富含精油，皆可作为蒸馏肉桂精油与纯露的原料，而肉桂叶的精油萃取收率要比树皮的萃取收率大概多五倍，所以我们选择以萃取收率较高的肉桂叶来作为蒸馏的原料。

土肉桂的精油含量与挥发性成分，也会随着季节的变迁有所改变，而最佳采收时节为每年的7～9月，这段时间里采收的土肉桂叶所萃取的精油收率最高。我们可以在这个季节直接采摘新鲜的肉桂叶蒸馏，也可以采摘后将叶片干燥保存后再蒸馏。

干燥肉桂叶的方式可以使用下列几种方法，不同的干燥方式也会影响干燥后肉桂叶的香气与外观。

1. 除湿机或自然阴干

可放置在室内小空间，以除湿机进行干燥或置于室内通风处自然阴干，用这个方式干燥的土肉桂叶无论是叶片颜色、气味都是最佳的，当然，蒸馏出来的产物在品质上也是最好的。

将干燥土肉桂叶剪成小片状，如果用粉碎机粉碎，效果与效率都会更好

但缺点是家用除湿机干燥速度比较慢，也需要耗费大量的除湿机电能；不使用除湿机，也可以将待干燥的肉桂叶放置在室内或晒不到阳光的位置慢慢阴干，这样的干燥方式是干燥速度最慢的。

2. 热风干燥

使用40～50摄氏度的热风进行干燥。一般家用电器中，能满足这个条件的就是蔬果干燥机或可以定温的家用烤箱，网上也有人分享使用微波炉进行干燥的方法。凡是运用加热的方式进行干燥，都要注意温度控制，温度高，挥发性成分散失速度相对增加，对植材活性成分的破坏越大。

将土肉桂剪成较小的颗粒后，先进行2小时以上的浸泡

3. 日光下曝晒

将采摘的肉桂叶平铺在阳光下曝晒是最简单的方式，只是所得的产物在三个方式的感官评价中品质相对垫后。

以新鲜肉桂叶蒸馏萃取的精油与纯露品质会比较好吗？在相关GC-MS分析的文献记载中，新鲜与干燥的肉桂叶其挥发性成分并无太大的差异与影响。所以，大家可以直接采摘或购买新鲜肉桂叶来蒸馏；如果要选择干燥后的肉桂叶，那么就先考虑其干燥方式与保存时间，作为选择或购买的判断依据。

选定肉桂叶作为蒸馏部分后，如果是采用新鲜肉桂叶，因水分含量较多、叶片较为柔软，可以直接塞入蒸馏器中蒸馏，当然也可以剪成合适的小段进行蒸馏。

若采用干燥后的肉桂叶，由于叶片干燥后变硬，比较容易将之剪成小片状，加大蒸馏时的整体接触面积。我们可以依照个人所拥有的器材（剪刀、粉碎机），将干燥后的肉桂叶处理成较小的颗粒来蒸馏。

将干燥肉桂叶处理成较小颗粒后，可先浸泡2小时以上，浸泡目的在于使植物细胞之间充分吸附水分，让细胞间的间隙加大，以利于蒸馏时加热的热能更快速、更均匀的传导到植物细胞上，获得较高的萃取收率。

将浸泡过后的蒸馏水倒入蒸馏器中作为蒸汽的来源，不要倒掉浸泡后的蒸馏水

以浸泡过的水作为蒸汽来源，将完全湿润的土肉桂叶置于铜锅上层，采用水上蒸馏的方式；如果采用共水蒸馏的方式，直接将浸泡后的植材与蒸馏水移入蒸馏器中即可

植材的料液比例＝1：（6～10）

肉桂精油得油率、萃取收率都比较高，也受到预处理需要浸泡的影响，所以我们可以选择添加较多的水进行蒸馏。

干燥的肉桂叶在浸泡时，液面必须完全覆盖过处理后的肉桂叶，需要添加较多的水。另外，叶片预处理后的颗粒大小可能也会影响添加水分的含量，没有剪碎或颗粒较大的叶片需要添加更多水分才能完全覆盖过。所以，在计算料液比例的时候，尽可能按照上面所述的比例去添加，不要超过最大的比例（1：10）太多。

如果使用新鲜肉桂叶不需要浸泡这个工序，可以选择较小的料液比例去蒸馏［1：（6～10）］。

阿格塔斯Plus
蒸馏土肉桂

料：土肉桂叶200克

液：蒸馏水1200～2000毫升

蒸馏的时间＝90～120分钟

根据文献记载，蒸馏肉桂精油时，当蒸馏中其他条件均相同，蒸馏时间呈现出此特性——蒸馏前60分钟精油获得的速度较快，蒸馏时间60～90分钟时，精油获得的速度变慢，而到了90～120分钟，精油的萃取收率基本上没有变化。

土肉桂纯露馏出，
很明显呈现混浊状

蒸馏60分钟得油率大约在3.88%，把蒸馏时间延长到120分钟时，得油率变成3.90%（蒸馏时间延长了60分钟，精油萃取收率却只稍微上升0.02%），依据这个特性，我们可以把蒸馏的时间尽量缩短在120分钟，以节省时间成本与燃料成本。

文献中记载的肉桂，其产地、采收季节都与我们实际使用的肉桂不尽相同，所以，蒸馏萃取精油的得油率并不会相同。如果发现DIY精油的得油率与文献上记载的有落差属于正常的现象。一般DIY的精油萃取收率都会比文献中记载的更低。

蒸馏注意事项

肉桂精油的密度与水的密度非常接近（1.046～1.059克/立方厘米），只比水的密度大了一点点，所以在蒸馏过程中，有几点需要注意。

a. 若需使用油水分离器，请选择密度比水大的重型油水分离器，其与一般常见密度比水轻的轻型油水分离器结构上并不相同，在选择上要特别注意，选择错误就无法有效达到油水分离的效果。

b. 肉桂精油的密度虽然比水重，但两者间的差距非常微小，且土肉桂精油中含有大量的肉桂醛，肉桂醛可以微溶于水，再加上蒸馏时上升蒸汽的影响，会使得蒸馏出来的肉桂精油呈现严重的油水混溶与乳化状态。

观察蒸馏出来的纯露，会呈现非常混浊的乳白色，与我们在蒸馏其他植材时的清澈、油水自然分离的情况有很大不同。初次蒸馏观察到这个现象时，不要认为是植材出现问题或质疑自己在某个操作犯了错误，观察到这个现象是完全正常的。

c. 可运用微波辅助提升精油萃取效率。

d. 土肉桂的精油萃取收率，依据产区、季节、蒸馏工艺的不同，为0.4%～2.1%。

土肉桂蒸馏后处理小提醒

蒸馏出来的肉桂精油与纯露，呈现混浊的乳白色，这个时候不要急着分离精油与纯露，可以先将蒸馏产物置于冰箱冷藏2～3天再观察，此时就能发现肉桂精油已沉到容器底部，纯露也恢复了清澈，这时才适合进行油水分离的操作。

沉在容器底部的肉桂精油如果非常难以取出，可以加入少量95%酒精到容器中，稍微稀释沉在瓶底的肉桂精油，使它的流动性增加，会更容易取出，然后再将稀释后的95%乙醇与肉桂精油混合溶液隔水加热或静置在室温中，让95%的乙醇慢慢挥发，即可获得肉桂精油。

刚蒸馏出来的土肉桂精油与纯露，呈现白色混浊状，属于正常现象

蒸馏完毕后放置在冰箱2～3天，土肉桂纯露就会恢复澄清的状态

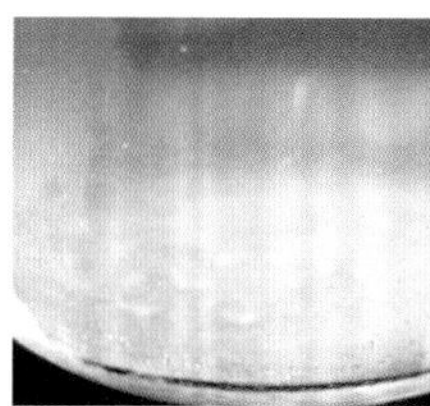
密度比水重的土肉桂精油，静置2～3天后渐渐沉到容器底部，纯露倒出后，可用95%乙醇将它溶解取出

土肉桂叶精油主要成分（水蒸气蒸馏法萃取）

成分	含量
苯丙醛/3-Phenylpropionaldehyde	8.30%
反式肉桂醛/*trans*-Cinnamaldehyde	73.31%
苯甲醛/Benzaldehyde	6.40%
左旋乙酸龙脑酯/*L*-Bornyl acetate	1.38%
4-烯丙基苯甲醚/4-Allylanisole	1.69%
β-石竹烯/β-Caryophyllene	0.44%
丁香酚/Eugenol	0.46%
柠檬烯/Limonene	0.12%
石竹烯氧化物/Caryophyllene oxide	0.25%
顺式肉桂醛/*cis*-Cinnamaldehyde	0.40%

2-3 茉莉花

学名 / *Jasminum sambac* (L.) Ait
别名 / 木梨花、三白、夜素馨
采收季节 / 每年5 ~ 10月（7月、8月最佳）
植材来源 / 彰化县花坛乡
萃取部位 / 花朵

照片中左上的茉莉花盛开后已凋谢，最右边为盛开期的茉莉花，这两者都不适合采收。照片中间微开的茉莉花，才是最佳的采收状态

茉莉花是木犀科 *Oleaceae* 素馨属 *Jasminum* 多年生灌木植物，花香在开放的过程中不断形成并释放，是很典型的气质花。

茉莉花有两大分类，大花茉莉（摩洛哥茉莉）*Jasminum officinale*与小花茉莉（阿拉伯茉莉）*Jasminum sambac* (L.) Ait，我们比较常见到的是小花茉莉，小花茉莉又依据花瓣数量多寡，区分为单瓣茉莉、双瓣茉莉或多瓣茉莉。

单瓣茉莉植株较矮小，茎与枝条较细，所以有人称之为“藤本茉莉”，花瓣只有单层，7 ~ 11片，开花量大，它的香气内敛柔和、清香持久，香气整体品质优于双瓣茉莉与多瓣茉莉，但因为对生长环境要求比较高，所以产量很少，价格也是双瓣茉莉的好几倍。

双瓣茉莉是茉莉中栽种面积最多最大的主要品种，植株高度1 ~ 1.5米，茎与枝条比较粗且硬，双瓣茉莉顾名思义，花瓣可以分为两层，内层4 ~ 8片，外层7 ~ 10片，它的香气浓郁饱满，品质仅次于单瓣玫瑰，且抗环境能力强，耐寒、耐湿、易于栽种，成为了产量最大的茉莉品种。

多瓣茉莉的枝条有明显的疣状突起，花瓣可达三四层之多，花朵开放时层次分明，我们常听到的“虎头茉莉”就是属于这个类别。多瓣茉莉的花朵虽大但是香气比较弱，香气整体品质是三个品种里的后段，比较不适合拿来制茶或萃取精油，属于观赏性质。

小分享

熏制花茶的产业中将鲜花分成气质花与体质花，我发现这个特别的分类方法也很适合喜爱蒸馏花朵的我们。

气质花是指鲜花中的香气成分，是随着花朵开放后才逐渐形成并且挥发出来的，也就是说，花朵要开放以后，才会渐渐吐露芬芳，还没有开放的花蕾或已经盛开过久的花朵，因为香气物质还没有形成或香气成分已经完全挥发殆尽，是没有利用价值的。茉莉、兰花都是属于气质花。

茉莉花的花蕾刚刚形成的模样

体质花则是指花朵的香气成分可以储存在花瓣之中，不论花朵是不是在绽放状态下，它所含的香气成分都还是能够挥发出来，在运用这类体质花的时候，就不需要注意它是否处于绽放吐香的阶段。玉兰花是这类体质花的代表。

茉莉花成熟期的花蕾

熏制花茶与蒸馏精油、纯露一样，都是要将鲜花最迷人的香气萃取出来，这两种鲜花分类的方式，可以提供蒸馏爱好者一个很好的概念，当我们要蒸馏鲜花时，先想一想它是属于哪个种类就可以判断采收鲜花时机以及该怎么进行预处理。

盛开后的茉莉花，这个阶段的茉莉花香气已经渐渐变弱

仅凭文字的描述，我们对气质花与体质花在蒸馏时有什么差异，可能比较难想象与理解，所以最好的方法还是DIY实操，只要你按照这个章节里的步骤，亲自DIY蒸馏一次茉莉花，你一定会对这特殊的气质花留下很深的印象。茉莉花也是我非常推荐用来提升植材预处理技巧的植材，茉莉花花期开始时，千万不要错过喔！

市面上出售的茉莉花精油绝大多数是用溶剂萃取的，使用水蒸馏来萃取茉莉花精油的非常非常少，也就是说，市场上茉莉花纯露应该也是非常稀少！为什么呢？答案就在茉莉花的香气成分当中，酯类在香气成分当中占的比例很高（28%~49%），酯类又是最容易受热产生变化的成分，所以水蒸馏对茉莉花的香气成分会有比较大的破坏，这也就是各级精油厂多数使用溶剂来萃取的原因。

我在蒸馏茉莉花前，也曾有这方面的疑虑，生怕蒸馏出来的纯露无法呈现出茉莉花的特征香气，但经过实操后发现，茉莉花纯露的香气与茉莉鲜花的香气差距不大，仍然保有满满的特征香气，所以读者可以放心按照此章节的步骤，自行蒸馏有“花中之王”之称、市场上又稀少的茉莉花纯露。

2021/07/01造访彰化花坛茉莉花的故乡，当天天气晴朗，非常适合采收，中午时分，花农仍顶着艳阳辛勤采收着茉莉花

制作中的茉莉花茶，混合茶叶与茉莉花，让茶叶自然吸附茉莉花释放出来的香气。最高等级的茉莉花茶要更换10次茉莉鲜花

茉莉花属于气质花，花不开是完全不香的，就算在成熟的茉莉花花蕾中，也完全不具有茉莉花特征香气成分，一定要等到花蕾开始绽放，才会在花朵中酶的作用下，将储存在花蕾中可以转化成香气的原料慢慢转变成挥发性的香气物质，渐渐挥发出来，这个时候我们才能够萃取到茉莉花的香气物质。

采收

茉莉花的花季在每年5～10月，天气越热，花开得越多，香气也越好。中华传统文化中，对于大自然的观察，把一年之中最热的天气称为“三伏天”，而在这最热的三伏天所绽放的茉莉花，称之为“伏花”，是一年中茉莉花开放得最美丽的时间，也是香气品质、强度都最好的时间。所以，采收茉莉花最佳的时间，就是在夏天最炎热的7、8月。

在熏制花茶的产业中，对于采收茉莉花也有所谓“三不采”的传统原则，“雨后三天不采、上午不采、阴天不采”，这三个采收原则对照近代科学的文献研究，也印证了传统传承的智慧。

1.“雨后三天不采”： 据文献研究，雨天或雨季因为环境湿度高，气温也相对比晴天时来得低，以致茉莉花的水分含量太高，会减短它绽放的时间，同时，释放香气的速度也会比较缓慢，香气的品质不如晴天采收的茉莉花。

2.“上午不采”： 茉莉花必须要等花朵绽放后，在酶的工作下转化出香气物质并慢慢释放出香气。酶的生长活性就是茉莉花香不香的关键，当茉莉花还未采收下来时，酶生存工作所必需的水分可以通过植株源源不断地补充，不过一旦茉莉花离开植株后，酶所需要的水分，失去了来自植株的供应，只能靠花朵中内含的水分以及花瓣从空气中吸收。如果在上午就进行采收，等到晚上茉莉花开始绽放的时间会太长，水分已经蒸发散失太多，不利于酶的活性，所以上午不适合采收。

3. **“阴天不采”**：原因大致跟雨天不采的情况类似，阴天没有充足的阳光，环境温度比较低，相对湿度太大，让这个天气状态下的茉莉花香气品质不如晴天来得好。

选材

该采收什么花况下的茉莉花呢？先简单将茉莉花的花期分为花蕾初期、花蕾成熟期、微开期、盛开期、盛开末期。

在这几个花期的区分下，最适合采收的茉莉花是微开期的茉莉花，花蕾初期以及花蕾成熟期这两个时期的茉莉花，完全没有任何茉莉花的香气，所以不适合采收，而盛开期的茉莉花由于已经完全绽放，花朵释放香气的高峰已经过了，其香气物质含量随着开放时间增长而减弱，所以也不适合采收。至于盛开末期的茉莉花已开始萎凋、香气变弱，香气成分有所改变，所以也不适合采收。

由左自右，花蕾初期、花蕾成熟期、微开期、盛开期、盛开末期

有研究针对五种不同花期采收的茉莉花所萃取出来的精油进行成分分析，在五种花期中，分别鉴定出7、25、27、23和16种的化学成分，其中以微开期所含的27种成分最多，香气品质也最好。所以，我们要蒸馏茉莉花精油或纯露，最适合采收微开期的茉莉花。

实际造访彰化花坛的茉莉花农场，观察茉莉花采收的现况时，发现因为采收需要大量人力与时间，所以上午不采比较室碍难行，其他如雨后三天不采、阴天不采这两个原则，也都是当地茉莉花农采收茉莉的基本原则。

彰化花坛的茉莉花农所采收的茉莉花，大多应用在熏制茉莉花茶。熏制花茶首重花朵原料的香气品质，所以花农们在采收时，也都是采收香气品质最佳的微开期花朵，因此跟当地花农采购茉莉花时，只要表明用途是蒸馏或熏制花茶，购买到的都会是微开期的茉莉花。

释香

微开期的茉莉花采收下来后，会先进入6小时左右的休眠期，6小时后会开始陆续绽放，无论采收茉莉花的时间是在上午或下午，微开期的茉莉花一定会在采收的当天晚上绽放。

在等待茉莉花释香这段时间，我们需要提供最适合酶生长与工作的环境给茉莉花。首先，将茉莉花平摊在室内的桌面或是竹筛网上，堆花的厚度不要太厚，因为花堆的温度会逐渐上升，堆得越厚，温度上升的幅度就会越大。

根据文献研究，离开植株后的茉莉花释香的最佳温度是30～36摄氏度，相对湿度则是80%～90%，花堆温度不要超过40摄氏度。

所以，我们要尽量将环境的温度、湿度都控制在这个范围上下，花堆的温度也要尽量保持在40摄氏度以内，如果察觉花堆的温度过高，可以通过翻动来降温。

茉莉花释香时对于水分的需求也很敏感，相对湿度太低，不利于茉莉花的释香，我们可以在茉莉花堆旁边多摆放几个表面积大的容器，将容器装满水，借由容器中水分的蒸发来提高相对湿度。

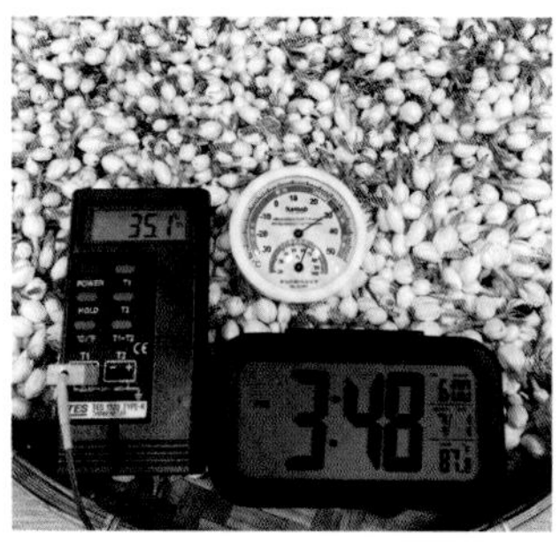

1/2021/07/01当天从彰化花坛购买回来的茉莉花，将它平摊在竹筛网上，花堆厚度3~4厘米，室温30摄氏度，相对湿度只有64%，花堆温度35.1摄氏度，静静等待茉莉花开始释香

2/花堆中的茉莉花花况，此时还没有开始释香，只有淡淡的青草香气

3/傍晚6点22分的花况，茉莉花已经开始微微绽放，开始释香，贴近可以闻到茉莉花的特征香气

4/傍晚7点19分，花堆温度上升到36.9摄氏度，大部分的茉莉花都已经开始绽放释香，屋里的茉莉花香气越来越浓

5/傍晚7点19分时的花况，大部分茉莉花都已经开放释香，香气非常浓郁

6/到达释香高峰的茉莉花，进行蒸馏前最好先剔除会影响香气品质的花萼及花梗

7/拆除花萼及花梗的茉莉花，称重准备进行蒸馏，蒸馏茉莉花强烈建议采用水上蒸馏的方式

注意控制温度、湿度这两个条件后，接着，就是观察与等待茉莉花开始绽放、释出香气了。茉莉花开始释香时，非常容易观察到花朵香气的巨大变化，还没有绽放的茉莉花只能闻到淡淡青草香，几乎没有任何特征香气；而当茉莉花开始绽放时，通过酶的作用下形成香气，你会闻到浓浓的茉莉花香开始释放，整个室内空间会充满非常浓郁的香气。

观察到茉莉花开始释香时，还需要一点时间，让酶有时间将储存在花蕾中的香气前驱物质慢慢转化成香气。最少等待2～3小时，就可以开始筛选茉莉花，然后进行蒸馏。

根据文献研究，开始释香的茉莉花会在6小时内到达释香的最高峰，接下来的6小时，茉莉花依然会持续释放香气，但酶的活性与作用就会渐渐衰退，香气也开始慢慢减弱，到了次日早晨，茉莉花已经气若游丝，能够释放的香气也很微弱了。所以，茉莉花在开始释香后的6小时，就是进行蒸馏的最佳时机。

但是，按照茉莉花释香的规律等待与蒸馏，蒸馏的最佳时间势必会落在凌晨，凌晨蒸馏对于不是“夜猫族”的人来说，确实有点强人所难，但如果等待到次日清晨再蒸馏，茉莉花又已经进入香气衰退的状态。所以我个人挑选的蒸馏时机，是在开始释香的2～3小时后，加上蒸馏所需的时间，应该可以在午夜12点左右完成，这是结合现实状态下的妥协，读者可以依据自己的体力与习惯来调整。

筛选

茉莉花到达释香的阶段后，就可以进行简单的筛选，剔除掉没有绽放、品相不佳的花蕾。对品质要求严格一点的，可以将茉莉花下方的花萼以及花梗拆除，这两个部分都略带青草味，会影响蒸馏后的香气品质。这个人工拆花的过程非常考验耐心，我一个人一小时大概只能拆除600～700克的茉莉花花萼及花梗。如果没有那么多的时间，直接蒸馏带着花萼、花梗的茉莉花也可以。

保存

看完了预处理流程，不难发现茉莉花是一种必须在采收当天进行蒸馏的植材，一般花朵类冷藏、冷冻的保存方法对它都不适合。采收下来的茉莉花，若进行冷藏，会让茉莉花的酶活性变低，让它开始绽放释香的时间延后；如果冷藏的时间过久，也有可能让酶完全失去活性而无法转化香气。

研究文献后的建议是冷藏时间不要超过6小时，冷藏温度在15摄氏度左右。我也对冷藏、冷冻茉莉花做过实验，在此提供给读者参考。彰化花坛花农采摘茉莉花的时间是在中午以前，取得花材后不封口常温保存（为了有效通风及散热），回到台北家中大约下午3点30分，接着将茉莉花分装成50g两袋，分别进行冷冻及冷藏保存，一直到隔天中午12点从冰箱中取出，置于常温下，观察花朵的开放以及释香的状况。

实验的结果是，冷藏茉莉花取出时，仍保有淡淡的青草味，花况与气味都与当日采收的鲜花一致，下午2点30分左右，茉莉花已经开始逐渐绽放释香，香气很浓郁，青草味也渐渐消失或被掩盖，依释香的状况判断，预计再等待1～2小时，就可以开始蒸馏。

而冷冻保存的茉莉花，自始至终都维持采收时的花蕾原状，完全不会绽放，当然也就完全没有香气释放。根据实验结果显示，当天采摘的茉莉花先冷藏保存，是可以保存到隔天再进行蒸馏的。而冷冻保存则完全丧失取得茉莉花香气的机会，失去茉莉花蒸馏的价值。所以读者在购买茉莉花材时，可以采冷藏保存运送，冷藏的时间尽量越短越好，绝对不可以采用冷冻的方式保存茉莉花。

茉莉花保存方式的实验

分别冷藏与冷冻9小时的茉莉花，中午12点取出置于常温，于下午2点46分记录的花况。左边冷藏的茉莉花已经恢复活力，慢慢开放释香；右边为冷冻的茉莉花，完全无法绽放释香

冷藏9小时的茉莉花花况近拍。茉莉花仍然可以开放并释香，香气依然浓郁

冷冻9小时的茉莉花花况近拍，完全无法绽放释香，完全没有茉莉花香

植材的料液比例＝1：（4～5）

茉莉花的香气成分中，酯类的含量非常高，所以蒸馏茉莉花时强烈建议采用水上蒸馏的方式，共水蒸馏的方式会对不耐高温煎熬的酯类有比较多的破坏，水上蒸馏的品质一定会优于共水蒸馏。

茉莉花花朵的精油含量在花朵类中其实不算低，但是一般DIY蒸馏的植材量，还是几乎收集不到可以有效分层的精油量，所以茉莉花纯露就变成了我们进行蒸馏的主要产物；它跟玫瑰纯露一样，都是特别注重香气呈现的植材，建议添加的料液比例为1：（4～5），过高的料液比例可能造成接收的纯露过多，香气呈现不足。

例

料：茉莉花200克

液：蒸馏水800～1000毫升

蒸馏的时间＝180～240分钟

茉莉花的香气成分中，酯类的含量非常高，酯类又是对热相当敏感的化合物，所以在蒸馏茉莉花纯露时，火力控制绝对不适合太大，尽量以比

2021/07/01茉莉花释香后开始蒸馏，茉莉花700克、蒸馏水2100毫升、料液比例1：4。蒸馏出前700毫升的茉莉花纯露，纯露很混浊，充满茉莉花精油混溶其中

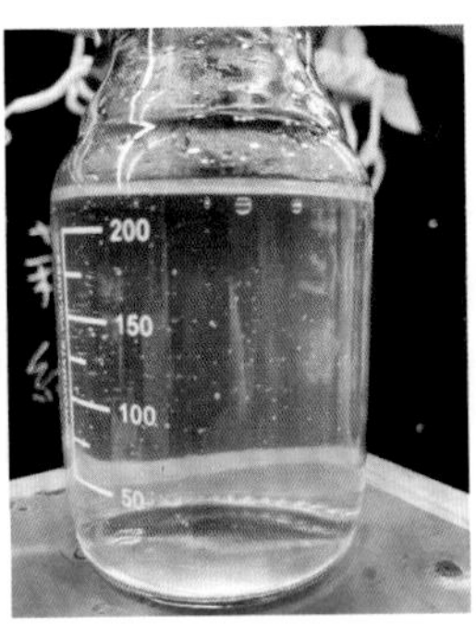

第二个接收容器，接收250毫升茉莉花纯露，变得较为清澈，其中混溶的精油已经比较少，但是纯露的香气仍然非常明显

第三个接收容器，收集250毫升茉莉花纯露，清澈度与前250毫升类似，纯露的状态依然可见有精油混溶其中，香气也很明显

较缓和的火力加热，让蒸馏控制在比较慢的速度之下进行，所得到的纯露品质一定会比较好。

采用不锈钢材质或是玻璃材质蒸馏器的读者，由于蒸馏器材质的热传导性比较差，材质的表面会蓄积比较高的温度，所以更要调低火力控制进行蒸馏，才能够维持较佳的蒸馏品质。

文献实验表示，茉莉花精油萃取收率在蒸馏6小时可以到达高峰（得油率0.092%），超过6小时的蒸馏得油率不会增加。但是我还是要建议，6小时的蒸馏时间实在太长，可以缩短至3～4小时；蒸馏3小时得油率约0.058%，蒸馏4小时得油率为0.072%，当然也可以将蒸馏时间拉长为最佳得油率的6小时。

蒸馏注意事项

a. 茉莉花精油的密度约为0.947克/立方厘米，密度比水轻，可以选择轻型油水分离器。

b. 茉莉花的精油含量不算低，但是蒸馏的植材量不大时，还是不太容易收集到足够分层的精油量，所以可以省略使用油水分离器。

c. 茉莉花精油的密度非常接近水的密度，再加上精油的含量也不低，所以接收的纯露会呈现比较混浊的状态。

d. 水蒸气蒸馏法蒸馏茉莉花得油率在0.058%～0.092%。

e. 共水蒸馏加入5%的氯化钠，可以提高一点茉莉花精油的出油率，使用水上蒸馏的方式则加入氯化钠的效果会差一点。

茉莉花活体香气主要成分

成分	含量
芳樟醇/Linalool	38.47%
乙酸苯甲酯/Benzyl acetate	16.64%
邻氨基苯甲酸甲酯/Methyl anthranilate	2.13%
吲哚/Indole	1.03%
α-金合欢烯/α-Farnesene	14.46%
苯甲酸甲酯/Methyl benzoate	1.18%
苯甲醇/Benzyl Alcohol	1.67%
荜澄茄油烯醇/4-Epicubedol	4.93%

茉莉花精油主要成分（水蒸馏法萃取）

成分	含量
芳樟醇/Linalool	27.26%
乙酸苯甲酯/Benzyl acetate	32.10%
乙酸芳樟酯/Linalyl acetate	6.24%
丙酸苯甲酯/Benzyl Propionate	7.94%
邻氨基苯甲酸甲酯/Methyl anthranilate	5.16%
吲哚/Indole	1.25%
苯甲酸甲酯/Methyl benzoate	0.29%
苯甲醇/Benzyl Alcohol	1.06%
苯甲酸苄酯/Benzyl Benzoate	3.70%
香叶基香叶醇/Geranylgeraniol	0.29%

茉莉花精油主要成分（溶剂萃取）

成分	含量
芳樟醇/Linalool	9.76%
乙酸苯甲酯/Benzyl acetate	10.16%
邻氨基苯甲酸甲酯/Methyl anthranilate	9.57%
吲哚/Indole	0.34%
α-金合欢烯/α-Farnesene	13.50%
苯甲酸甲酯/Methyl benzoate	0.23%
苯甲醇/Benzyl Alcohol	5.05%
苯甲酸苄酯/Benzyl Benzoate	2.48%
香叶基香叶醇/Geranylgeraniol	15.07%
荜澄茄油烯醇/4-Epicubedol	5.56%

White
Champaca

2-4

白兰花

学名 / *Michelia alba*、*Magnolia alba*

别名 / 玉兰花

采收季节 / 全年（夏天花朵量较多）

植材来源 / 台湾屏东县高树乡（张希仁先生）

萃取部位 / 花朵与叶

完全盛开的白兰花

白兰花，俗称玉兰花，植物分类中属于木兰科*Magnoliaceae*含笑属*Michelia*。多年生的常绿乔木，树高可以到达10米以上，叶片呈前端略尖的椭圆形，叶片的长度在10～20厘米，宽度在5～10厘米。白兰花为白色，花期一般全年四季，以春、夏季为多，像我们身处亚热带地区的台湾，白兰花在屏东县较为炎热的气候下，几乎全年都有花可采。

白兰花带有独特及浓厚的香气，不管在香精香水产业或制茶工业中都被广泛运用，因其怡人的香气，也被当成观赏性园艺植物来种植，甚至在台湾的红绿灯路口，常会有售卖白兰花的小贩向驾驶员兜售白兰花串作为车内芳香剂的特殊景象，白兰花在台湾受欢迎与普遍的程度，可见一斑。而白兰花在台湾最大的产地，就是屏东县高树乡及盐埔乡。

白兰花除了花朵的香气受欢迎外，在中医的运用上，也有长久的历史。白兰花朵性温、味辛苦，具有止咳、化浊的功效，也含有挥发性的精油。而除了花朵的功效外，白兰的叶片也含有生物碱、挥发性精油等有效的活性成分。有文献记载，白兰花叶片经水蒸气蒸馏所得的挥发性产物，对于慢性支气管炎有很好的疗效。

白兰花的花瓣通常有8～12片

还没有绽放的白兰花花苞

微微绽放的白兰花，照片上还可见到成长中的绿色花苞

小分享

白兰花俗称玉兰花，在台湾是很常见的香花，不过如果你称其为白兰花，一般人反而可能不知道你是讲什么花，这应该就是约定俗成的状况吧！

还有一种名称叫白玉兰的花朵，也很容易跟白兰花产生混淆。白玉兰是另一款花，香气不明显，花朵较大，属于乔木型树木，又称木兰花；而白兰花的香气特别浓郁明显，花朵的颜色有白色与黄色两种，黄色白兰花产量较少，香气与白色白兰花也略有不同，通常我们见到的，白色居多。

2019年间，我初次来到了屏东县高树乡的白兰花农田，屏东县高树乡为台湾白兰花产地，台湾近八成的白兰花都来自这里。高树乡乡间的道路两旁，随处可见种植满满的白兰花树，这次造访的农田主人是位回乡打拼的年轻花农，除了照料这片白兰花田外，还在进修硕士学位，连论文的题目都与白兰花相关，是名副其实的“白兰花达人”。

访谈中，除了请教种植相关问题，也了解到原来这片白兰花的树龄每棵都高达40～50年，一年四季都有花可采，每年的4～8月产量比较大，虫害问题则多为蚱蜢与蜘蛛，所以为了卖相好，还是会喷洒一些农药；但他也特别规划了一个不喷洒农药的区域，只要消费者告知他需要购买的是用来蒸馏的花材，他可以提供不使用农药的花材，而他的白兰花每天采集、北运，目前多为供不应求的状态。

参访完屏东县白兰花田后，我对白兰花有了深刻的印象，才发现居住的社区里其实种植了好多棵白兰花树，但可能因种植环境与照顾不佳，从来没看见它开过花，也没有闻到过浓郁的白兰花香，所以根本没发现有这么多白兰花树近在咫尺。

我心里也觉得很好奇，为什么这么多住家的院子里会种植白兰花树呢？询问“白兰花达人”张先生，他回答我：“早期务农的台湾家庭都会在院子里种上几棵白兰花，一来它不太需要照顾就可以长得不错，二来白兰花香气浓郁，摘下后香气可维持2～3天，种植的人家会摘来作为家中祭祀之用”。

白兰花含有精油可以萃取，但是得油率不高，只有0.4%左右，因此白兰花精油价格也不便宜，而且产量不多。至于白兰花的气味，喜欢与不喜欢也是相当两极化的，喜欢的人对它的香气情有独钟、爱不释手，而不喜欢它味道的人，觉得白兰花的香气中带有一股微微的“怪味”。

黄玉兰的香气品质与强度都优于白玉兰，但是产量非常少，是可遇不可求的蒸馏植材

白兰花的花与叶都可蒸馏萃取精油与纯露，所以我们在预处理的部分，也会将花与叶分开来说明。花与叶预处理的方式不同，两者的挥发性成分与香气也不同，千万不要将花与叶同时蒸馏。

白兰花的花朵

白兰花在采摘的时候，要注意挑选花朵稍微开却还没有完全绽放的，花苞还没有打开或是已完全绽放的都不适合。植物中的挥发性成分在绽放前属于转化与累积的阶段，在花苞绽放前含量会到达最高峰，而花朵绽放后，这些挥发性化合物含量又会随时间增加而减少。

一天内最佳的采摘时间，是清晨的6～9点，在阳光还没有完全露脸、环境温度还没有升高的时段最好。采摘花朵的时候，挑选微开状态下的花，花柄部分不要保留太长，因为茎、叶的挥发性化合物气味与花朵并不相同，保留过长的茎多少会影响蒸馏后的香气。没有开的花苞及前一晚已完全开放的花朵，也不要采摘。

微微开放的白兰花采摘下来后，集中过程也要注意将它以薄层摆放方式放置，如果在空间、器材允许的状况下，最好使用竹筛网，将花朵平铺在竹筛网上，以利于上下透气，千万不要堆叠成一堆，避免因发热而改变了气味。

采收完毕后，如果需要运送，按照一般新鲜花朵运送的规范即可（冷藏），运送到家或是蒸馏地点后，最好立即将花朵与采收集中时的作法一样，薄层平铺在竹制筛网上，厚度尽量以3朵花为标准。

正常的花朵是洁白、饱满、花瓣微开，香气清雅而浓郁，在采收、储藏、运输和保存过程中，都要尽量保持花朵的正常样态，最重要的是，必须防止花朵变黄和香气因发热而产生类似发酵的味道。

蒸馏前可以将白兰花瓣剪成小段状，加大蒸汽热传导时的接触面积，同时，也可以将剪碎后的白兰花瓣浸泡1～2小时，这些都有利于白兰花精油与纯露的萃取收率。

浸泡中的白兰花，可以转入冰箱内冷藏，较低的温度能减缓与避免发酵引起的气味改变。浸泡的时间，以2小时为限，白兰花并不适合隔夜或长时间浸泡，否则容易产生发酵的味道。

以下再提供几点预处理时的建议：

- 白兰花的花蕊、花萼部分，会影响纯露气味品质，要将其全数去除。
- 根据经验，600克花材去掉蒂头、枝叶、花梗、花蕊后，大约有450克的花瓣可作蒸馏使用。
- 白兰花摘下后非常容易氧化，最好在摘下当天进行蒸馏，否则香气氧化后，会变成一种不好闻的发酵味道，影响纯露品质。
- 新鲜采收的白兰花如果无法在当天进行蒸馏，一定要将白兰花冷冻保存。

1/凌晨刚从屏东送到台北的白兰花

2/半开期的白兰花

3/白兰花花朵分解的照片，中间花蕊气味与花瓣不太相同，蒸馏前决定把它取出，只蒸馏花瓣

4/白兰花的花瓣

5/将白兰花瓣切成小片状，加大蒸汽接触的总面积，短暂的预处理时间，花瓣就已经有氧化变色的状况

干燥的白兰花叶片

白兰花的叶片采摘时，最好挑选深绿色的老叶，浅绿色的嫩叶因为水分含量太高，在干燥过程叶片容易变得软烂，所以不建议采摘。

采摘收集后的叶片，可以平铺在地面或竹制筛网上阴干。白兰花的叶片比较大，除非使用专门的干燥机，一般家用的干燥机或烤箱都不容易装载大量白兰花叶，所以我们可以选择最简单也最省事的干燥方式，就是放在室外直接阴干。

白兰花叶片富含水分，干燥时间7~14天，也因为白兰花叶的精油与纯露大多运用其功效而非着重于香气，所以我们在干燥与预处理的方式，就没有太多的细节需要顾虑。

干燥后的白兰花叶，可以将之剪成小段状，或用粉碎机彻底粉碎也可以（同样也是为了加大蒸馏接触面积），之后可浸泡2小时或隔夜再进行蒸馏，这些都是提升精油、纯露收率的基本方法。

新鲜采摘的白兰花叶，叶片的气味不明显

室温下阴干大约一周的白兰花叶，还未完全干燥，但叶片气味已有所改变

另外，采用微波辅助后，再进行水蒸气蒸馏，也能提升精油萃取收率。有文献记载，最好的时间与微波炉的瓦数是当料液比例为1：8时，微波火力500瓦，微波时间3分钟。

实际的操作方式就是将剪成小段或粉碎后的白兰花叶，称重后加上8倍重量的水浸泡，在蒸馏前先将浸泡的白兰花叶转移到适合使用微波炉的容器中，调整微波炉火力在500瓦左右，微波定时为3分钟，微波后的白兰花叶与其浸泡的水溶液再直接转移到蒸馏器具中进行蒸馏。

如果家中的微波炉火力无法准确调整到500瓦这个功率，则可自行调整微波功率与时间，功率超过500瓦，则微波时间就相对应缩短成2分钟或2分30秒。

注：微波辅助的方法与原理，在CHAPTER 1～4中有比较详细的说明。

已完全干燥的白兰花叶片，气味并不明显，搓揉叶片才可以闻到

白兰花的花朵

植材的料液比例＝1：（5~6）

白兰花的精油含量较低，添加的蒸馏水不宜太多，但是因为其香气特别浓郁，所以我们可以比一般花朵多一点，建议料液比例以1：（5~6）的比例进行添加，以将白兰花朵中的挥发性成分萃取干净。

例

料：白兰花花朵200克

液：蒸馏水1000~1200毫升

蒸馏的时间＝180~240分钟

共水蒸馏中的白兰花花瓣

水蒸气蒸馏萃取的白兰花朵精油与纯露，与玫瑰花一样属于花朵类的植材，精油含量较少，挥发性成分大多储存于花瓣的表皮细胞内，这些表皮细胞的体积小，细胞壁也很薄，水蒸气的扩散作用很容易完成，我们不需要很大的蒸汽量与蒸汽压力去进行蒸馏。蒸馏花朵类产品最重感官的香气，因此我们可将蒸馏热源关小，放慢蒸馏的速度，加长蒸馏的时间，让植材中的香气活性成分，在比较缓和的加热环境下慢慢蒸馏出来，减少热对于这些成分的破坏，以获得品质与感官评价较佳的白兰花精油与纯露。

蒸馏注意事项

a. 白兰花花朵使用水蒸气蒸馏法提取精油，得油率约0.22%~0.28%。

b. 白兰花精油应呈现浅黄色或淡黄色，相对密度在0.870~0.895，可选择一般轻型的油水分离器。

c. 蒸馏干燥的白兰花叶片，可以运用微波辅助增加精油的萃取收率。

白兰花的叶片

植材的料液比例=1：（8~10）

有文献记录表示，白兰花的叶片最佳的料液比例为1：（8~10），取得的精油收率则为0.49%~0.58%。所以我们选择添加的蒸馏水比例为植材重量的8~10倍。

料：白兰花叶200克
液：蒸馏水1600~2000毫升

蒸馏的时间=180~240分钟

在文献中的实验结果表示，蒸馏白兰花的叶片5小时，精油萃取收率最佳，蒸馏2小时所得的精油量约是蒸馏5小时的一半；也就是说蒸馏时间在2~5小时所获取的精油量与时间成正比。但是，考虑到一般DIY操作者对蒸馏时间太长会感到不方便，所以建议把时间控制在3~4小时。

蒸馏注意事项

a. 白兰花的叶片使用水蒸气蒸馏法提取精油，得油率约0.4%。
b. 白兰花叶精油密度比水轻，可选择一般轻型的油水分离器。
c. 可观察到少量淡黄色精油浮在上层，但一般DIY的量并没有足够的精油可以分离。

白兰花花朵精油主要成分（水蒸气蒸馏法萃取）

成分	含量
芳樟醇/Linalool	43.18%
甲基丁香酚/Methyleugenol	3.54%
β-石竹烯/*β*-Caryophyllene	3.40%
β-红没药烯/*β*-Bisabolene	1.99%
δ-杜松烯/*δ*-Cadinene	1.83%
石竹烯氧化物/Caryophyllene oxide	6.09%
β-榄香烯/*β*-Elemene	3.068%
大根香叶烯D/Germacrene D	1.25%
β-芹子烯/*β*-Selinene	1.68%
顺式芳樟醇氧化物-呋喃型/*cis*-Linalool oxide, furanoid	1.85%

白兰花干燥叶片精油主要成分（水蒸气蒸馏法萃取）

成分	含量
芳樟醇/Linalool	63.31%
橙花叔醇/Nerolidol	7.40%
石竹烯/Caryophyllene	4.41%
环氧化异香树烯/Isoaromadendrene epoxide	3.53%
α-葎草烯/*α*-Humulene	1.78%
反式橙花醛/*trans*-Citral	2.02%
α-杜松醇/*α*-Cadinol	1.63%

Orange Jasmine

2-5 月橘

学名 / *Murraya exotica* L.
别名 / 七里香、九里香、满山香
采收季节 / 每年 7 ~ 9 月
植材来源 / 自家花园
萃取部位 / 鲜花、新鲜与干燥叶片

月橘为芸香科 *Rutaceae*九里香属*Murraya*植物，常绿灌木或小乔木，原产南亚至东亚热带气候区。植株高度1~3米，叶子为羽状复叶，小叶3~7枚互生，叶背密布小小黑色的油腺点。花色白，伞房花序，芳香，单瓣5枚。浆果为卵形，初为绿色，成熟时呈红褐色。广泛分布于台湾低海拔的地区。

台湾产的月橘有2种及1变种，台湾大部分的七里香是属于月橘*Murraya exotica* L.，还有千里香*Murraya paniculata* (L.) Jack. 和长果月橘*Murraya paniculata* var. *omphalocarpa*，长果月橘属于台湾特有变种，仅产于兰屿及绿岛。这三种月橘植物的辨别，主要在于叶子的形状。

月橘*Murraya exotica* L.，小叶片最宽处通常在中部以上，顶端圆或钝，小叶长2~5厘米，宽2厘米。

千里香*Murraya paniculata*，小叶片最宽处在中部以下，顶端短尖或渐尖。小叶较小，长3~5厘米，宽2厘米。果实较小，为长椭圆形。

长果月橘*Murraya paniculata* var. *omphalocarpa*，小叶片最宽处在中部以下，顶端短尖或渐尖。小叶较大，长5~7厘米，宽3厘米。果实较大，通常为圆锥形，先端具锥形细长尖尾形。

（资料来源：台湾产芸香科月橘组植物新见。）

注：花序（inflorescence）是花梗上的一群或一丛花，按固定的方式排列，是植物的固定特征之一。

盛开的月橘，俗称七里香

七里香的果实

七里香叶片背面，满布的小黑点就是含有精油的油腺

小分享

初见月橘（多称为七里香、九里香）是被它满溢的花香所吸引，月橘容易种植，不需要特别照顾，因此很多的庭院围篱将其作为景观造景之用，也是行道树的大宗，花季时爆满的小白花会引来非常多的蜜蜂与蚂蚁，表示它的花朵汁多味美！

月橘的花香浓郁，会随风飘散到几里外，因此得名七里香、九里香、满山香。见它开满树丛我忍不住手痒，先阅读了相关文献，确认它是可制作纯露与精油的一种药用植物。月橘为芸香科，是会结果实的，几个月后就发现了它的果实会由绿转成红色。

采了满满一篮浓郁香气，收获丰富。仔细研读月橘相关文献，就开始了摘花蒸馏的工程。近年来，中外学者对七里香的化学成分进行了大量研究，从叶、根皮、果实等部位中，分离得到了多种化合物，主要包括香豆素类、黄酮类、生物碱类以及挥发油等。

月橘的香气甜美浑厚，想在花朵类采摘到足够蒸馏的植材，月橘就是很好的选择，也是一种常见且容易取得的植材。

月橘鲜花

月橘全年都会开花，花期主要集中在夏季至秋季（4～10月），当月橘花盛开的时候，采摘最佳时段为早上5～9点，此时段采摘的月橘花，香气与萃取精油的品质最佳，时间越往中午，香气会渐渐挥发而变淡；到了下午3～4点，整体香气会有很明显的衰退，所以采摘适宜在清晨时段进行。

月橘的花会在清晨5点以前绽放，过了这个时间的花苞如果还没有打开，就要等到次日清晨5点前才会打开，在白天时段花苞是不会绽放的。

月橘花期不长，只有4～5天，采摘前可先观察一下花朵绽放的状况，如果发现还有许多花苞没有完全绽放，就再多等一天到次日清晨再观察，看看那些未开的花苞是否已经绽放。如此观察4～5天，一定可以找到花朵采收最大量、完全绽放的时机。

采收月橘花时，如果细心慢慢挑选，当然可以只挑选完全绽放开的花朵，避开半开及未开的花苞，但这需要比较大的耐心和时间；简单一点的方法，是从花丛下方将枝条剪断，取下全部花朵，蒸馏前再修掉枝条、挑出绽放的花朵来蒸馏。

采摘下来的月橘鲜花，越快将它蒸馏完毕越好，如果无法马上蒸馏，建议将其密封后放到冷冻库，低温冷冻，不要放在室温下，它的香气会逐渐消散。

也有文献资料将月橘花朵先干燥保存再蒸馏，但我比较不建议这个方式，就像干燥过后的玫瑰花与新鲜玫瑰花，蒸馏出来的精油与纯露，香气品质绝对有很大的差异。

月橘花朵很小，也无需浸泡工序，可以直接蒸馏，预处理的工序中，就只剩下剔除多余的叶与枝条；细心点处理，避免叶与枝条混进蒸馏中，而让它们不同属性的气味影响了花朵的香气，便可以得到品质、香气较佳的月橘花朵纯露。

采摘下来的新鲜月橘花

月橘叶

新鲜与干燥的月橘叶都可以蒸馏，月橘叶蒸馏出来的精油，其中有14种化合物跟月橘鲜花精油是相同的；叶子特有的化合物有7种，花的特有化合物则有25种。叶子的挥发性成分中也有许多是可以善加利用的。

预处理时，挑开多余的茎、叶、未开的花苞

采摘月橘的叶子没有特定的时间，挑选环境、温度最适合月橘生长的季节采收，拥有适当的温度、日照，在光合作用最为旺盛的时期，就可以获得比较高的精油含量与品质。蒸馏时挑选叶片，枝条则去除。

采摘下来盛开的月橘花簇，香味清香浓郁

新鲜的叶片也可以干燥保存后再蒸馏，最简单的方法就是在通风处阴干，避免阳光直接曝晒。

干燥的月橘叶，蒸馏前先粉碎成小片状，浸泡大约2小时，让干燥的叶片吸饱水分，就可以蒸馏。

盛开中的月橘花香气饱满，花簇洁白，外形也很美，让人爱不释手

月橘鲜花

植材的料液比例=1：（5~6）

月橘花称重后，加入的蒸馏水比例，是花朵重量的5~6倍。花朵类的精油含量较少，蒸馏花朵类精油、纯露，感官评价上的重要因子就是香气，所以蒸馏新鲜花朵时添加的蒸馏水比例不会太多，接收的纯露量也会比较少，以确保所收集到的产物香气及活性成分处于饱和状态。也就是说，蒸馏中我们可以接收富含香气成分纯露的量是有限的，添加过多的蒸馏水并不能加大产物的量，反而会影响精油与纯露的萃取收率与品质（请参考有关蒸馏原理章节的料液比例）。

例

料：月橘鲜花200克

液：蒸馏水1000~1200毫升

蒸馏的时间=180~240分钟

满满的月橘花准备进行蒸馏

蒸馏月橘花的时间与速度，可以控制在4小时左右。蒸馏花朵精油、纯露，首要的是产物的感官香气，故需控制蒸馏火力，尽量放慢蒸馏速度，免得加热速度过快过猛，破坏了花朵类对热较为敏感的成分，造成产物的香气评鉴品质不佳。在其他蒸馏条件都相同的状态下，蒸馏时间控制在180~240分钟，尽可能降低加热力度，放慢蒸馏速度，精油纯露的香气品质会比较好。

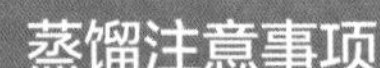

a. 新鲜月橘花精油，颜色为浅黄棕色，密度比水轻，可以选择轻型的油水分离器。

b. 新鲜月橘花精油密度约为0.851克/立方厘米。

c. 新鲜月橘花精油萃取收率在0.09%左右。

d. 共水蒸馏新鲜月橘花时，可加入5%的氯化钠，能稍微提升精油的萃取收率，使用水上蒸馏时也可以添加，但是效果会比使用共水蒸馏的方式差。

月橘叶

植材的料液比例 = 1：（6～8）

月橘叶的精油含量比月橘花要高一些，新鲜月橘叶已富含水分，所以无需进行浸泡的工序，建议添加植材重量6倍的蒸馏水；干燥后的月橘叶，因为还要加上浸泡的工序让干燥的叶片预先吸饱水分，同时让浸泡发挥效果，所以建议添加植材重量8倍的蒸馏水进行蒸馏。

料：月橘叶200克
液：蒸馏水1200～1600毫升

蒸馏的时间 = 120～150分钟

新鲜、干燥的月橘叶片蒸馏时间，建议在120～150分钟即可，精油的得油率约在2小时左右即可到达高峰，稍微延长一下时间也可以，但不需要延长太多，因为对得油率并无明显的帮助。

蒸馏注意事项

a. 月橘叶的精油含量在0.15%～0.35%。
b. 新鲜与干燥的月橘叶片精油，密度都比水轻，可以选择轻型的油水分离器。
c. 干燥的月橘叶，预先浸泡后，可以运用微波辅助增加精油的萃取收率。

月橘鲜花精油主要成分（水蒸气蒸馏法萃取）

成分	含量
桧烯/Sabinene	24.81%
L-芳樟醇/L-linalool	7.17%
β-石竹烯/β-Caryophyllene	4.67%
α-姜烯/α-Zingiberene	11.77%
反式-β-罗勒烯/*trans*-β-Ocimene	6.56%
柠檬烯/Limonene	2.03%
月桂烯/Myrcene	3.61%
γ-松油烯/γ-Terpinene	1.15%
β-榄香烯/β-Elemene	1.92%
橙花叔醇/Nerolidol	1.21%

月橘叶精油主要成分（水蒸气蒸馏法萃取）

成分	含量
β-石竹烯/β-Caryophyllene	14.75%
α-姜烯/α-Zingiberene	25.84%
β-甜没药烯/β-Bisabolene	5.63%
α-蛇麻烯/α-Humulene	4.14%
反式-β-金合欢烯/*trans*-β-Farnesene	5.21%
香柠檬烯/α-Bergamotene	7.96%
α-姜黄烯/α-Curcumene	2.81%
β-倍半水芹烯/β-Sesquiphellandrene	4.65%
橙花叔醇/Nerolidol	2.83%

月橘因为多为行道树或一般住家作为围墙围篱之用，几乎没有农场或小农在售卖月橘的花，因此读者若想要取得月橘花，可能就要在月橘花盛开的季节，自行寻幽探秘，找到属于自己的月橘花来源。

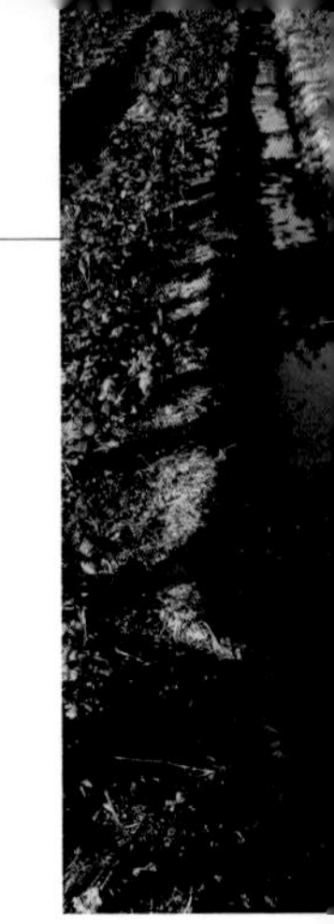

2-6 玫瑰、月季

学名 / 玫瑰 *Rosa rugosa*、月季 *Rosa chinensis*
别名 / 蔷薇、月季
采收季节 / 全年（但春、秋二季花开得较好、品质较优）
植材来源 / 宝贝香氛、曙光玫瑰庄园
萃取部位 / 花朵

玫瑰、月季都属于蔷薇科 *Rosaceae* 蔷薇属 *Rosa* 的植物，英文名称都是Rose。其实，在生活里我们接触到的玫瑰花大多属于月季，真正的玫瑰其实不多。我家种植的玫瑰与月季，品种有10种以上，都是我亲自去台湾各地购买回来的，挑选过那么多不同品种的玫瑰与月季，对于挑选以蒸馏为目的的花的人，最佳推荐就是挑选强香型的品种、亲自去闻它的花香，挑选自己最喜欢的香气类型、挑选花瓣层次比较多的。

例如“皇家胭脂”“秋日胭脂”这些品种，都是属于强香、花瓣层次多、花朵重量比较重，可满足上述推荐条件，这些品种蒸馏出来的纯露，玫瑰的香气非常清香浓郁。

我的院子里栽种不同品种的玫瑰与月季，每个品种几乎都有不同的香气，有的浓郁、有的清香、有的闻起来比较甜，各有各的香气特色。

根据自身经验，混合不同品种、不同香气类型的玫瑰或月季一起蒸馏，是一个非常实用的方式，也是我最常使用的方式，所得到的纯露无论是香气或使用起来的效果，个人都觉得非常满意，也推荐给各位读者。

台中市雾峰区的玫瑰农场

农场种植的秋日胭脂，外形真的很像包子，难怪别称为“包子玫瑰”

秋日胭脂的花瓣层次丰富、花朵饱满、香气也是我很喜欢的类型，制作出来的纯露也超香，非常推荐

小分享

我并非玫瑰爱好者，但制作精油、纯露，玫瑰是不能少且具指标性的花种之一。制作玫瑰精油、纯露所需的植材，需要取自无农药种植，如果要在一般花市里选购玫瑰花，需要无毒等级几乎是不可能的事。原因在于玫瑰花属于观赏型花卉，需要花美且大，稍微有虫咬过的花都会影响售价，因此种植观赏用玫瑰大多需要喷洒农药以让花朵远离虫害；而且种植玫瑰需要频繁施肥，才能让花大且花型优美，想要在市面上找寻无农药玫瑰，可以说是一大难事。

我花了相当多的时间找寻无农药玫瑰，但无使用农药的玫瑰花大多是农家种植供业余观赏用，数量不多，而我所要求的玫瑰品种又需要强香型的玫瑰花，要求多但要的数量也不属于商业规模的订单金额，所以在寻找蒸馏用玫瑰上花了很多时间，有好几次挫折经历！

为了寻找无农药玫瑰，我凌晨5点摸黑从台北出发，必须在10点前到达玫瑰田。原因在于玫瑰花最好的采摘时间是清晨，在清晨的玫瑰香气才能完美释放，到中午、下午甚至是晚上，同样一朵玫瑰花香气会减弱不少，这是某些花朵类植物的特性。

因此，在欧洲的玫瑰花产地，我们可以发现花农都是在清晨采摘，尤其在全球知名的大马士革地区，玫瑰园简介都是如此介绍：**在产期，于清晨5～6点开始采摘尚带露水的玫瑰花瓣。**

农场中盛开的“皇家胭脂”，花朵超大、超香

我来到了台中市雾峰区，找寻一位很年轻的农人，好奇询问他怎么会想种无毒玫瑰？他的回答：是“无心插柳”。他的本业是种植瓜果类蔬果，种玫瑰花是兴趣使然，原本几年前种了200.1平方米玫瑰花，花开得相当多，却无人问津，所以减少到66.7平方米，但这两年却不断有购买的订单，变得供不应求！

我想，原因就在于这几年纯露在台湾越来越受到喜爱与重视，更多人知道纯露的美好，所以这些无毒的玫瑰订单都已经排到了隔年！我开玩笑的跟他说，“那你要再多种一些，因为等这本书出版了，将会有更多读者来订购，以目前的产量绝对无法满足未来的市场。”

他目前所种植的玫瑰品种为“皇家胭脂”，我在当天采了一些回家，此品种的香气浓郁且花瓣皱折多、花型又美，与平日在花市所见的玫瑰花有很大不同。我只采摘了十几朵放在车上，整个车子里便充满了玫瑰香气，回程路上闻着花香，一路都十分开心。

后记

此段拜访是2019年的夏天，在书写接近完稿时的2021年6月，这位年轻果农已经不再种植玫瑰花！不过，在这两年过程中我依旧不屈不挠继续寻找能提供读者购买的无毒玫瑰种植者。

2019年当天的拜访，让我对于台湾种植的玫瑰花重新改观。以往花市里见到一般观赏型玫瑰或花店的切花，花型大多属于外放大开型，而这次所见的玫瑰花型优美且香气浓郁，有很大的不同，而且是不洒农药友善种植，对于制作纯露非常适合。

在经历挫折的寻花过程后，让我有了自己种植玫瑰花用于课程的想法，如果家里阳台随时可摘采玫瑰来蒸馏，那是多么美好的事！于是，我从2019年冬天开始种植强香型玫瑰花用于教学，截至目前，已有将近60朵强香型玫瑰花！

玫瑰花在不同的生长时期，主要香气成分和含量都有很明显的差异。为了方便大家分辨，我简单分成五个阶段：花蕾期、初开期、半开期、盛开期和盛开末期。

玫瑰花在花蕾期，主要香气成分是萜烯类化合物，而初开期、半开期、盛开期和盛开末期这几个阶段，主要香气成分就转变成了醇类、酯类以及萜烯类，且各时期主要香气成分的含量也有很大的差异。

我们很熟悉的玫瑰香气会在初开期形成，到了半开期、盛开期时含量到达高峰，其中还有一些挥发性成分到盛开末期含量才会达到最高，但是盛开末期的花朵已经相当脆弱，有时稍微一碰花瓣就会脱落，非常不利于采收，所以我们会选取半开期和盛开期的玫瑰花作为蒸馏精油与纯露的植材。

采摘的时候直接从花朵下方的花萼处剪断就可以，花萼中的精油含量约为花瓣的三分之一，含量虽然低，但它的芳香成分与玫瑰花瓣是接近的，因此不需要单独取下花瓣蒸馏，可以采全朵玫瑰进行蒸馏。我一开始也是将花瓣取下蒸馏，直到阅读到相关文献，才开始改变为全朵玫瑰进行蒸馏，这也是我目前采用的方式。

玫瑰花花蕾会在每天晚上9点到次日清晨5点开放，采收玫瑰花最佳的时间则是每日清晨5点到9点之间。与任何花朵类植材一样，玫瑰的香气会随着环境温度渐渐升高、水分蒸发而渐渐减少。

所以，要抢在环境温度还没完全上升前，采摘半开期、盛开期的玫瑰花。有研究对玫瑰采摘时间与精油含量做过实验，早上10点以后采收的玫瑰花，精油含量已大量下降33%～50%，损失的量极大，所以采摘玫瑰花的时间是一个非常重要的关键。

盛开期、半开期的玫瑰采摘下来后，先将其平铺成薄层，置于避开阳光的阴凉处，存放6小时后再进行蒸馏，对于玫瑰花的得油率有明显提升。

玫瑰花在采摘下来后，生命仍在持续，会因为酶（酵素）的作用，使某些本来还不构成香气成分的物质，渐渐转化成香气成分，进而使得油率增加，这个后熟作用的工序，普遍被应用在玫瑰花精油、纯露的制作中。

后熟工序有几个要注意的重点，玫瑰花在后熟阶段会发热，如果堆放厚度比较厚，要注意定时去翻动，不要让下层的玫瑰花过热；后熟的时间对得油率的高峰在6小时左右，超过这个时间，得油率反而会因为挥发而下降。有实验结果说明，6小时的后熟工序能让玫瑰精油的萃取收率从0.0004%增加到0.0005%。

玫瑰花最好的保存方法，就是将鲜花冷冻保存，这也是我在玫瑰花期天天都使用的方法。每天采摘下来、完全绽放的玫瑰花，先将多余的茎与过长的花萼、绿色叶片修剪掉，再装入食品保鲜袋或用真空包装机密封，放进冰箱冷冻，如果家里有冷冻专用的冰箱，它的温度更低，保鲜效果会更好。

由左至右：花蕾期、初开期、半开期、盛开期

花蕾期：花萼裂开，稍微露出有颜色的玫瑰花瓣。
初开期：只有外围的玫瑰花瓣打开，中间的花瓣仍然紧紧包在一起。
半开期：外层花瓣已经打开，只剩中央的花瓣没有打开，花芯也还没有露出来。
盛开期：花瓣完全打开，中央的花芯也完全显露出来。
盛开末期：花瓣已经开始萎缩，碰触就会掉落。

有文献实验证明，玫瑰鲜花采用冷冻保存40天，观察鲜花的外观状况及玫瑰精油的得油率，外观与颜色都没有太大的变化，得油率从0.000464%稍微下降到0.000445%。

玫瑰花瓣下方的花托也含有玫瑰精油成分，不要摘除，全朵进行蒸馏最好

玫瑰花是我最常保存与蒸馏的植材，根据经验，冷冻保存的玫瑰鲜花可以保存3个月甚至3个月以上，蒸馏所得到的纯露香气与鲜花几乎无法分辨。只是冷冻保存在家中冰箱要注意，一定要密封好，因为花朵会吸附其他食材或冷冻柜中的异味。

冷冻保存的玫瑰花，蒸馏前要不要先退冰呢？退不退冰都可以，唯独要注意的是，冷冻的玫瑰结成硬块、不易挤压，装载的时候比较占空间，装载量会比鲜花、退冰后的少很多。

每天早晨从院子采摘的新鲜玫瑰，简单修剪掉茎、花托上的叶片，就放进食物保鲜袋放进冰箱冷冻

冷冻保存的玫瑰花，花朵中酶的活性已经停止，不需要再进行后熟工序，直接蒸馏就可以。就像制茶工序中，杀青就是通过加热让酶的活性停止，从而停止发酵，让茶的香气定型。冷冻让酶的活性终止，所以玫瑰花已经不会发生后熟的作用。

玫瑰花蒸馏前，不需要再将花瓣捣碎或是剪成小片状，有人对玫瑰花的粉碎颗粒大小和得油率做过实验，发现捣碎后的玫瑰花与整朵玫瑰花蒸馏的得油率并没有明显改变，所以可以省掉这部分的工序，直接采用全朵玫瑰花进行蒸馏。

也有研究提出，用盐渍方法处理并保存玫瑰鲜花，可以提高出油率。但是，出油率提升的同时，也有文献对于盐渍后的玫瑰花纯露与玫瑰鲜花纯露进行GC-MS分析，发现两者不仅在挥发性成分上有明显差异，即使两种纯露中都含有相同化合物，含量也有明显不同，对于整体的香气特征，也有很明显的改变。因此，我不建议用盐渍来处理或保存玫瑰花。

植材的料液比例＝1：（3～4）

蒸馏玫瑰花精油与纯露，不同的蒸馏形式对蒸馏出来的纯露香气也有影响。三种蒸馏方式中，外接水蒸气蒸馏优于水上蒸馏优于共水蒸馏。外接水蒸气的蒸馏方式需要比较复杂的设备，一般DIY的读者通常接触不到这类蒸馏器，所以建议采用的顺序是水上蒸馏，其次才是共水蒸馏。

玫瑰花精油的得油率非常非常低，要收集观察到精油几乎是不可能的任务，所以蒸馏玫瑰花主要的目标产物就是玫瑰纯露。

蒸馏课堂上，将冷冻的玫瑰花称重，准备蒸馏

玫瑰鲜花预处理完毕后，建议加入玫瑰花重量3～4倍的蒸馏水进行蒸馏，料液比例太低、添加不足量的蒸馏水会导致无法将玫瑰花中的挥发性成分萃取完整；料液比例太高、添加过多的蒸馏水会导致过量的蒸馏水在到达蒸馏终点后变得完全没有用处，反而造成挥发性成分溶解在这些多余的水中，不利于萃取的成效。因此，最大的比例建议不要超过1：4。

有些读者可能阅读过许多网络上关于玫瑰纯露制作的经验分享，也许会觉得1：（3～4）这个料液比例太高？或是疑惑自己能收集多少玫瑰纯露？如果阅读到这里还有这些疑问，建议先回到本章节的最开端有关“料液比例”的章节，以及“到底能够收集多少纯露”的说明与实际操作，请仔细阅读一次。

料：玫瑰鲜花200克

液：蒸馏水600～800毫升

蒸馏课堂上，使用玻璃材质蒸馏玫瑰纯露，透明的玻璃利于学员观察

蒸馏的时间＝180～240分钟

玫瑰花的挥发性成分储存于花瓣表皮细胞内，这些表皮细胞的体积小，细胞壁也很薄，水蒸气的扩散作用很容易完成，不需要很大的蒸汽量与蒸汽压力去蒸馏，再加上玫瑰精油纯露的香气是最受关注的评价重点，当中又有许多酯类这种热敏性香气成分，所以蒸馏玫瑰花时加热火力的控制尽量温和一点。

有文献对于蒸馏玫瑰精油的时间做过实验，如果以6小时所萃取到的精油为一个标准值，蒸馏30分钟所萃取到的精油占标准值的50%，1小时为59%，2小时为74%，3小时为85%，4小时为91%，5小时为96%。

按照这个数字可以发现，蒸馏玫瑰精油时，出油率的增加并不是很线性、均匀地增加，蒸馏前段的增加速度比后段快很多，所以建议蒸馏玫瑰花精油与纯露时，把蒸馏时间控制在180分钟左右，也可以稍微延长到240分钟，不需要为了取得最后那10%的精油而把蒸馏时间延长到5小时甚至6小时。

蒸馏注意事项

a. 玫瑰花精油的含量非常低，看不到精油层；玫瑰纯露很清澈，不太会有油水混浊、混浊的情况。

b. 共水蒸馏时加入5%氯化钠，可以提高一点玫瑰精油的出油率，使用水上蒸馏的方式时也可以添加，但是添加后的效果会比使用共水蒸馏的方式差。

c. 玫瑰花蒸馏后，留在锅底的底物，也含有许多能利用的活性成分，玫瑰花中的色素也会留在底物中，是很好的天然色素来源。有人把这些留在蒸馏锅底的色素和活性成分开发成玫瑰饮品，颜色天然又富含丰富养分。蒸馏完毕后的玫瑰花渣，也有相关研究以开发其利用价值。

d. 玫瑰花精油与纯露的研究文献数量非常多，可以多去搜寻新的资料。

玫瑰精油主要成分（水蒸气蒸馏法萃取）

成分	含量
香茅醇/Citronellol	22.12%
香叶醇(牻牛儿醇)/Geraniol	5.04%
芳樟醇/Linalool	0.32%
苯乙醇/Phenethyl alcohol	0.27%
金合欢烯/Farnesene	0.75%
大根香叶烯/Germacrene	0.17%
乙酸香茅酯/Citronellyl acetate	1.29%
乙酸香叶酯/Geranyl acetate	0.33%
乙酸橙花酯/Neryl acetate	0.03%
柠檬醛/Citral	0.29%
2-十三酮/2-Tridecanone	1.99%
2-苄酮/Dibenzyl ketone	0.27%
甲基丁香酚/Methyleugenol	5.34%
丁香酚/Eugenol	0.66%
玫瑰醚/Rose oxide	0.07%

玫瑰纯露主要成分（水蒸气蒸馏法萃取）

成分	含量
苯乙醇/Phenethyl alcohol	44.1%
香茅醇/Citronellol	5.06%
香叶醇(牻牛儿醇)/Geraniol	1.92%
橙花醇/Nerol	0.36%
柠檬烯/Limonene	0.42%
香叶烯(月桂烯)/Myrcene	0.04%
乙酸苯乙酯/Phenethyl acetate	0.21%
乙酸薄荷酯/Menthyl acetate	0.32%
苯甲醛/Benzaldehyde	0.01%
异薄荷酮/isomenthone	1.74%
右旋香芹酮/*d*(+)-Carvon	1.82%
丁香酚/Eugenol	25.44%
甲基丁香酚/Methyleugenol	2.7%
苯乙酸/Phenylacetic acid	2.89%
苯甲酸/Benzoic acid	1.2%
香叶酸/Geranic acid	0.6%
玫瑰醚/Rose oxide	0.02%

Ginger Lily

2-7 姜花

学名 / *Hedychium coronarium*

别名 / 蝴蝶花

采收季节 / 每年 5 ～ 12 月

植材来源 / 新北市坪林区

萃取部位 / 花朵

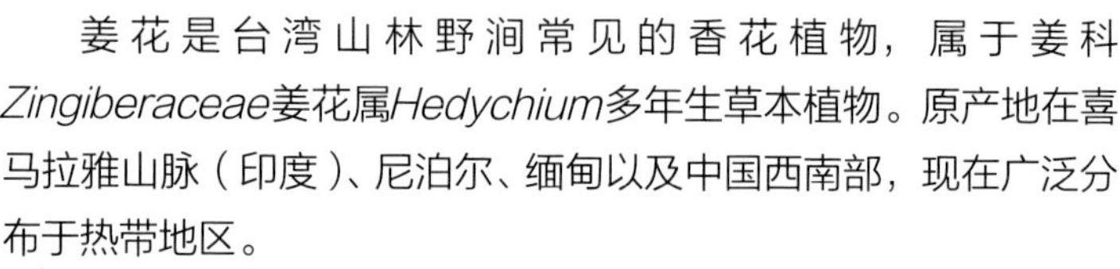

姜花是台湾山林野涧常见的香花植物，属于姜科*Zingiberaceae*姜花属*Hedychium*多年生草本植物。原产地在喜马拉雅山脉（印度）、尼泊尔、缅甸以及中国西南部，现在广泛分布于热带地区。

姜花与我们常吃的姜一样属于姜科植物，它的地下茎也是块状，带有姜花的香气，花朵则在夏天到秋天的时节开花。姜花是少数可全株开发利用的花卉，通常栽培是以切花观赏为主，全株各部位均有香味，可萃取精油，花可当蔬菜食用，叶可用来包粽子，地下根茎在民间可用于料理，与食用姜同样具有去腥调味的效果。

姜花除了观赏、食用的价值外，也是很普遍被使用的民间药物。姜花的花香可以治疗失眠、减轻头晕、恶心不适，根茎能解热、祛风散寒、消肿止痛和抗炎抑菌。国外也有大量研究表示，姜花含有多种活性成分，具有降血糖、抗氧化、抗肿瘤、抗结石、消炎、抗菌、降压、利尿、保肝等生物活性。

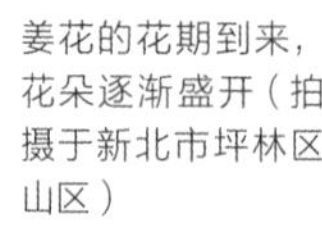

姜花的花期到来，花朵逐渐盛开（拍摄于新北市坪林区山区）

盛开的姜花

小分享

野生的姜花在我居住的台湾北部越来越少见了，夏天想要找寻野生绽放的姜花，就要往靠近山区或有溪流的地方，才能找寻到香气清新、花朵洁白，香气特征明显的蝴蝶花，为什么称姜花为蝴蝶花呢？因为它花朵全开的形状与蝴蝶很相似。

姜花喜爱生长在潮湿有水的地方，在山上的小溪旁比较能找到它，就算在视线范围内还没见着它，也会被香气指引而发现它的踪迹。夏天走在山里的步道，常会听见有人轻呼："好香啊！"往往顺着香气寻觅过去，就发现了姜花，它的香气十分明显，是一款绽放在炎夏、香气独特的花。

人工种植姜花，目前以台湾屏东县为大宗，屏东县的姜花花农供应全台湾的姜花切花，多数为观赏用花材，有少数一两家不使用农药种植，购买前可以先询问清楚。

花期农场盛开的姜花（拍摄于宜兰县三星乡香草农园）

姜花的花朵、地下根茎和茎叶都含有不同的挥发性成分，这三个部位都可以用来蒸馏萃取精油与纯露，各国也都有文献分别研究这三个部位蒸馏萃取所得的精油活性成分及功效。

姜花全株皆可当作蒸馏精油与纯露的植材来源，但因花朵、地下根茎和茎叶部位蒸馏萃取到的精油、纯露香气和主要的活性成分有差异，蒸馏时最好分开蒸馏，不要把这三个部位混合蒸馏，才能得到香气较佳的精油与纯露。

姜花的花朵、地下根茎和茎叶部分，除了挑选新鲜的之外，也可以干燥后再进行蒸馏，但与新鲜蒸馏所得的产物相比，虽然主要的挥发性成分没有太大不同，香气的呈现则会有所改变。因此建议姜花花朵采用新鲜的比较好，其他的部位则依据个人对产物香气接受度来决定采用干燥或新鲜植材。

姜花的茎叶产物有些许清凉感及草香味，茎则有类似丁香的香辛料气味，地下茎的精油则有姜的气味、清凉感及药草味。

采摘盛花期的姜花，未开的花苞不要采摘

刚采收下来的姜花，香气饱满浓郁

本篇我们只针对姜花的花朵进行详细蒸馏说明，关于茎叶、地下根茎的蒸馏，可以自行参考其他蒸馏叶片的章节（如：2-2土肉桂、2-13薄荷，地下根茎可参考2-22姜的章节），理解预处理的各项准则，掌握蒸馏时的条件因素、详细记录，便可找到最合适的蒸馏工法。

姜花采摘或购买时，最好挑选盛花期的花朵，这时候的香气成分最为怡人与饱满，但若采摘后没有办法立即蒸馏，就可以挑选始花期的微开花朵或花苞，回到家中先插入水中，等到它完全绽放的时候，再摘下蒸馏。

挑选采收完成、盛开的姜花后，若整株姜花上还有未开的花苞，请剔除不要使用，因为它会影响产物的香气品质。接着，就是要将姜花尽量剪成小片状，越小的颗粒，总体的表面积越大，越利于蒸馏的速率与活性成分的萃取收率。

也有文献记载，可以使用捣碎的方式，直接将姜花捣碎然后蒸馏，捣碎的方法类似以压榨法萃取精油，物理性破坏含油部位。

姜花分解后的样貌，像极了蝴蝶，所以又称蝴蝶花

姜花属于姜科植物，它的地下根茎也可以蒸馏！

植材的料液比例＝1：（5～6）

姜花称重后，加入的蒸馏水比例约在姜花重量的5～6倍。花朵类的精油含量较少，蒸馏花朵类的精油、纯露，感官评价中的重要因子就是香气，所以添加的蒸馏水比例不会太多，接收的纯露量也会比较少，以确保所收集到的产物香气及活性成分处于饱和的状态。也就是说，蒸馏中我们可以接收到富含香气成分的纯露量有限，添加过多的蒸馏水，并不能加大产物的量，反而会影响精油与纯露的萃取收率与品质。

例

料：姜花200克

液：蒸馏水1000～1200毫升

蒸馏的时间＝120～180分钟

蒸馏姜花的时间与速度的控制可以在3小时以内。蒸馏花朵类纯露，首先重要的是产物的感官香气，所以我们都会控制蒸馏的火力，尽量放慢蒸馏速度，免得加热速度过快过猛，破坏了花朵类对热较为敏感的成分，造成产物的香气评价、品质不佳。

在其他蒸馏条件都相同的状态下，蒸馏时间3小时，姜花精油的萃取量几乎已经到达最高，继续延长蒸馏时间，所能萃取到的精油量只有非常稍微的增加，幅度不大。考虑效率与各项成本，最佳的蒸馏时间是3个小时。

蒸馏注意事项

a. 姜花的精油密度比水轻，可以选择轻型的油水分离器。

b. 姜花精油的颜色为无色到淡黄色之间。干燥的姜花精油的颜色会比较深，较接近浅黄色。

c. 共水蒸馏时加入5%氯化钠，可以提高一点姜花精油的出油率；使用水上蒸馏的方式时也可以添加，但是添加后的效果会比使用共水蒸馏的方式差。

姜花精油主要成分（二氧化碳超临界萃取法）

芳樟醇/Linalool	6.67%
异丁香酚/Isoeugenol	5.73%
金合欢醇/Farnesol	1.71%
石竹烯氧化物/Caryophyllene oxide	1.09%
α-杜松醇/α-Cadinol	1.24%
顺式半日花-8(17),12-二烯-15，16-二醛/(*E*)Labda-8(17),12-diene-15,16-dial	33.72%
顺式甲基异丁香酚/*cis*-Methylisoeugenol	8.74%
茉莉内酯/Jasmine Lactone	1.79%
苯甲酸苄酯/Benzyl Benzoate	3.45%
角鲨烯/Squalene	0.52%
棕榈酸/Hexadecanoic acid	0.90%

姜花地下根茎精油主要成分（水蒸气蒸馏法萃取）

桉叶油醇/1,8-Cineole	29.09%
松油烯-4-醇/4-Terpineol	4.12%
α-松油醇/α-Terpineol	9.54%
柠檬烯/Limonene	19.85%
δ-3-蒈烯/δ-3-Carene	9.84%
樟脑/Camphene	1.25%
γ-松油烯/γ-Terpinene	1.42%
石竹烯/Caryophyllene	1.36%
姜花酮/Coronarin E	9.89%
对伞花烃/*p*-Cymene	3.22%

姜花叶部精油主要成分（水蒸气蒸馏法萃取）

石竹烯/Caryophyllene	26.40%
柠檬烯/Limonene	17.98%
δ-3-蒈烯/δ-3-Carene	11.75%
β-乙酸松香酯/β-Terpinyl acetate	7.21%
β-罗勒烯/β-Ocimene	0.49%

姜花茎部精油主要成分（水蒸气蒸馏法萃取）

β-罗勒烯/β-Ocimene	21.28%
柠檬烯/Limonene	19.28%
石竹烯/Caryophyllene	11.48%
α-松油醇/α-Terpineol	3.10%
桃金娘烯醇/Myrtenol	5.19%

Water
Lily

2-8 香水莲花

学名 / *Nymphaea hybrid*
别名 / 九品香水莲花
采收季节 / 全年（夏天量较多）
植材来源 / 台湾宜兰县罗东莲花休闲农庄
萃取部位 / 花朵

香水莲花为睡莲科*Nymphaeaceae*睡莲属*Nymphaea*的水生宿根草本植物，香气淡雅、花朵颜色鲜艳，台湾将引进的香水莲花自行培育繁殖，逐渐发展出九种不同颜色系列的香水莲花。

香水莲花喜欢日照，适合的生长温度在12～35摄氏度。全年均可开花，花朵大小10～15厘米，最大可达25厘米以上，花瓣尖细、花色艳丽、香气淡雅。白天开花，晚上闭合，它的花期也很长，夏天3～5天，冬天5～20天。

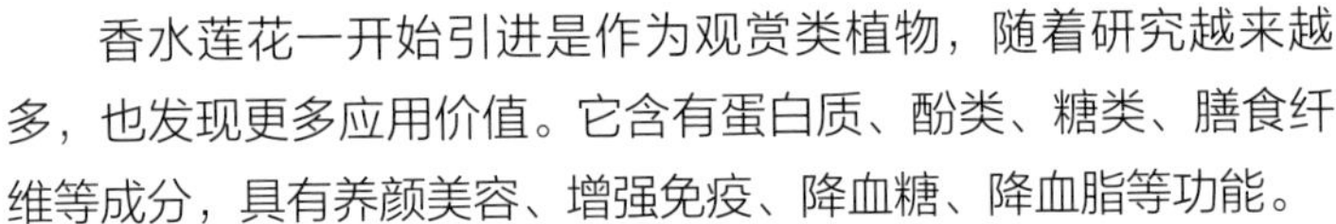

香水莲花一开始引进是作为观赏类植物，随着研究越来越多，也发现更多应用价值。它含有蛋白质、酚类、糖类、膳食纤维等成分，具有养颜美容、增强免疫、降血糖、降血脂等功能。

在实际应用中，它的鲜花可以生食，还可以制成香水莲花茶、浸泡香水莲花酒。此外，香水莲花也具有很好的护肤保湿特性，在美白方面也有效果，被广泛萃取运用在美容生技产业中。因为花朵的香气成分特殊，其精油也被香氛、香水产业作为调香的上等原料。

香水莲花在台南市白河区、台湾北部的宜兰县都有比较大面积的种植，如果要寻找它的芳踪，不妨去这两个地方探访一番。

宜兰的香水莲花农场

盛开的香水莲花，花朵的直径可以达到18厘米

小分享

通过学员的介绍，得知台湾彰化有农园种植有机香水莲花，时为夏天，这些香水莲花正逢盛开，我先以电话订购了10多朵；而台湾的香水莲花有好多颜色，我订购这种称“九品香水莲”，为何叫九品？因为它有9种颜色，分别是金、黄、红、紫、蓝、赤、白、茶、绿，每种颜色的香气都有一些差异。

订购的花配送到台北后，花朵呈现闭合状态，我随即将它们插在花瓶中。据农场主人告知，只要接触日照就会开放，于是，我在隔日太阳露脸时，赶紧请出这些娇客晒晒太阳，希望能绽放，但是过了一整天，这些香水莲开始垂头丧气、弯下腰来，只有几朵略为绽放，其余的都还是闭合状态。

这种状况让我开始思考，为什么无法顺利绽放呢？而以现有的植材状况，该如何进行蒸馏？一般来说，花朵类的芳香挥发性成分会在花朵绽放前慢慢开始累积，累积到最大量时，花朵便会绽放。例如酯类、倍半萜类，这些香气成分要在花朵绽放后才会挥发出来，即“花开才会香”，当花闭合时是没有香味的。那如果硬把花掰开呢？虽然心中知道答案是否定的，但是迫于无奈，我还是硬把这批无法绽放的香水莲花掰开，然后进行蒸馏，当然，所得到的纯露香气与品质都不好。

某次在蒸馏课程中经由学员介绍，发现宜兰县罗东镇也有香水莲农田，随即前往罗东镇拜访这位香水莲农人。罗东镇这里种植黄色品种的香水莲花，说真的这些九品莲花的香气与一般花香有很大的不同，它的香是一种非常独特的气味，因为缺少某些浓烈的氧化单萜和氧化倍半萜类成分，所以香水莲花的香气显得淡雅，而颇具特色。

香水莲花的茎与花都可以食用，花梗剥开会有浓稠的黏液，富含胶原蛋白的成分，可以养颜美容。农场主人说，将花梗切丝跟肉丝一起炒就是道美味的佳肴。这里的香水莲花同样不使用农药，因此有干燥的香水莲花可供泡茶饮用。

当天我带回了50朵黄色香水莲花，隔天，含苞的香水莲花陆续绽放，开得超级美，开得很肆意，与我第一次所订购的紫色香水莲简直是天壤之别。第一次与第二次订的香水莲花为什么会有这么大的差异？我猜想最有可能的因素就是受运送环境影响，所以建议读者在购买或采收香水莲花时，运送条件一定要多花点心思。

首次处理还未开放的香水莲花，可能因为运送环境不良，花朵开放状态不如预期，只有一两朵略为绽放，其他植株都垂头丧气，花朵也无法顺利打开

香水莲花采摘下来的时候，一般来说都会带着长长的花梗，其花梗也是非常有利用价值的部位，只是因为要蒸馏的是花朵精油与纯露，所以还是单独将花朵从花萼底端剪断，剔除下方的花梗部位。

剔除的花梗部位不进行蒸馏，也可以有其他的用途（请参阅本部分小分享），至于花梗是否可以蒸馏，其中又含有什么挥发性成分，因为写这本书时查找不到相关的文献，只好暂时把它放在等待进一步研究的分类中，若有研读到相关文献资料时，再补充到网络上分享给各位。

不同颜色的香水莲花，它的含油率与挥发性成分是不同的，也就是香气会有所不同，但是差异性不大。有实验结果表示，红色的香水莲花含油率0.112%，紫色的香水莲花含油率则是0.105%，两者相差非常小。另外，关于萃取出来的挥发性成分，主要的挥发性成分都是相同的，只是相对含量有一点差异；次要的挥发性成分则是互相都有独有的成分与缺少的成分，但是总体来说，两者的挥发性成分是“同多异少”。基于以上的原因，我并没有建议要挑选同种颜色的香水莲花进行蒸馏，以不同颜色混合蒸馏也可行。

一定要在香水莲花的花朵完全绽放的状态下才能蒸馏，把绽放的香水莲花（无论是花瓣或花萼）都剪成适当大小的块状，也可以用刀子切成小块，越小的体积，对出油率与蒸馏的成效越有帮助。

采摘下来的香水莲花，花朵还未完全绽放

完全绽放的香水莲花，处于蒸馏花朵的最佳状态

分解的香水莲花。去除叶片、花梗，取整朵盛开的花进行蒸馏

植材的料液比例=1：（5~6）

香水莲花称重后，加入的蒸馏水比例约是香水莲花重量的5~6倍。花朵类的精油含量较少，蒸馏花朵类的精油、纯露，感官评价上的重要因子就是香气，所以蒸馏新鲜花朵，添加的蒸馏水比例不会太多，接收的纯露量也会比较少，以确保所收集到的产物香气及活性成分处于饱和的状态。

也就是说，蒸馏中可以接收到富含香气成分的纯露量是有限的，添加过多的蒸馏水，并不能加大产物的量，反而会影响精油与纯露的萃取收率与品质；而添加的蒸馏水比例过低，则无法将植物里的挥发性成分萃取完整，所以蒸馏水比例请按照建议值去添加。

例

料：香水莲花200克

液：蒸馏水1000~1200毫升

准备蒸馏的紫色香水莲花

蒸馏的时间＝120～180分钟

蒸馏香水莲花的时间与速度，可以控制在3个小时以内。蒸馏花朵类纯露，首先重要的是产物的感官香气，所以我们都会控制蒸馏的火力，尽量放慢蒸馏的速度，免得加热速度过快过猛，破坏了花朵类对热较为敏感的成分，造成产物的香气评鉴、品质不佳。

在其他蒸馏条件都相同的状态下，蒸馏时间3个小时，香水莲花精油的萃取量几乎已经到达最高，继续延长蒸馏时间，所能萃取到的精油量只有非常轻微的增加，幅度不大。考虑效率与各项成本，3小时是最佳的蒸馏时间。

蒸馏注意事项

a. 香水莲花的精油密度比水轻，可以选择轻型的油水分离器。
b. 香水莲花精油的萃取率在0.01%左右，所得纯露的芳香气味非常独特，只有淡雅的香气，与其他花朵类比较浓郁的香气有很大的不同。
c. 共水蒸馏时加入5%氯化钠，可以提高一点香水莲花精油的出油率，使用水上蒸馏的方式时也可以添加，但是添加后的效果会比使用共水蒸馏的方式差。

香水莲花精油主要成分（水蒸气蒸馏法萃取）

成分	含量
苄醇/Benzyl alcohol	28.22%
8-十七碳烯/8-Heptadecene	8.47%
6,9-十七碳二烯/6,9-Heptadecdiene	19.27%
2-十七酮/2-Heptadecenone	8.09%
正十五烷/*n*-Pentadecane	6.14%
正二十一烷/*n*-Henicosane	3.66%
正十六烷酸(棕榈酸)/Hexadecanoic acid	1.33%
叶绿醇/Phytol	1.62%

Florist's Daisy

2-9 杭菊

学名 / *Chrysanthemum morifolium* Ramat.
别名 / 滁菊花、毫菊、贡菊、怀菊花
采收季节 / 每年 10 ~ 12 月
植材来源 / 苗栗铜锣农会
萃取部位 / 花朵

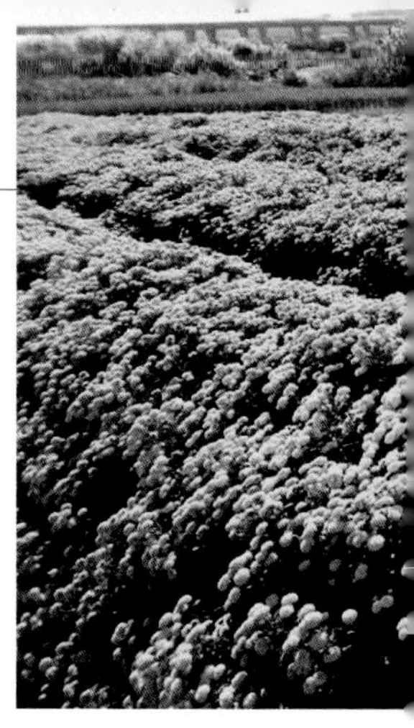

菊花为菊科植物的干燥头状花絮，在传统的中医药典里面，具有散风清热、平肝明目、清热解毒的功效，可用于风热感冒、头痛眩晕、眼目昏花等症状。

菊花按照不同的产地和加工方法，可以分为杭菊（杭白菊、杭黄菊）、毫菊、怀菊、贡菊等。中医认为，杭白菊具有养肝明目、健脾健胃、清心、补肾、润喉、生津、发散风热、清热解毒和调节血脂等功效。

杭白菊又称为杭菊、甘菊或茶菊，杭菊的花色清香幽雅，花色玉白，花形美丽，用来冲泡成菊花茶，茶汤澄清，颜色浅黄，气味清香，中国素有“西湖龙井，杭州贡菊”的美誉。

杭菊的主要活性成分，含有精油、黄酮、多糖、氨基酸、维生素等。现代研究也证明，杭菊的花、茎、叶中都含有多种有效的化学成分，可以抗菌消炎、降血脂、抗氧化、抑制肿瘤等，是一种非常有利用价值与潜力的植材。

根据我连续两年去杭菊季设摊位的观察，杭菊目前大多运用在花茶及养生食品方面，如菊花茶、杭菊鸡汤、杭菊冰淇淋等，这些运用大多利用杭菊成分中的水溶性非挥发性成分，对于杭菊的精油、纯露的提取，也就是杭菊的挥发性活性成分的运用相对比较少。刚好，我们借由蒸馏萃取的杭菊精油、纯露，能将这些挥发性的活性成分，运用在生活与保健之中。

苗栗铜锣的杭黄菊

杭白菊

小分享

春夏生长、秋冬开花的作物。杭菊，是台湾苗栗铜锣乡的重要经济作物之一，苗栗铜锣乡因为昼夜温差大，湿度、土壤条件都很适合杭菊栽种，种出来的杭菊品质极优，是台湾产杭菊最大的产地。

2018年11月初，我打了电话到铜锣乡农会，电话接通之初，完全没有概念该找谁？该怎么表达来意？支支吾吾讲了一大串，善解人意的农会小姐终于了解了我的来意，知道我想要买花，还需要花田让我去拜访并且向我解说。这时对方将电话转给了农会叶主任，我便与他约定了时间，前往一年一度的杭菊花季。

为什么称为杭菊呢？叶主任这样说："中国杭州为大量种植菊花的地区，也是早期菊花的集散地，久而久之人们就将其统称为杭菊。当中的白菊、黄菊除了颜色不同外，功效也有所差异"。白、黄两种菊花都有平肝明目、清热解毒的功效，但是效用强度有些微不同。

杭菊从种植到收成，全都需要人力操作，无法使用机器；采收之后，需要整整24个小时持续干燥，制作过程耗人工、耗能源。在农药的使用规范中，目前是无毒的阶段，铜锣乡农会每年所举办的杭菊花季活动，个人认为可算得台湾做得很成功的农业推广活动之一，读者可把握花季时间前往（每年11月间）。

我在干燥厂房中见到一位员工正在挑拣白菊，将许多颜色呈现褐色的杭菊剔除，好奇问了叶主任为什么要这样挑选？他说这些杭白菊因为泡过水而变色，卖相不佳，所以必须淘汰。出现这一现象的原因是摘采的工人在鲜花里灌了水，为了要让鲜花重量变重，这样领的工钱才多。（采花的工资计算是以花的重量来计算）。

我心感讶异之外，也马上询问这些泡水的杭菊可以便宜卖我吗？毕竟我们回去当天做蒸馏也是会浸泡啊！所以泡过水的这些花朵对我们要做蒸馏的用户，根本没有影响。

所以，当天我以约每500克200元的价格（新鲜杭菊售价是每500克250～300元），开心地购买了2.5千克这些他们所认为的“瑕疵品”。这些泡过水的杭菊，制成干燥的菊花后卖相当然不佳，但对于拿来制作纯露的我，浸泡过后湿润的杭菊完全不会影响蒸馏的品质，杭菊的预处理程序中，预先浸泡还可以提升得油率呢！

苗栗铜锣的杭白菊

杭菊的采收完全只能靠人工，无法机器取代

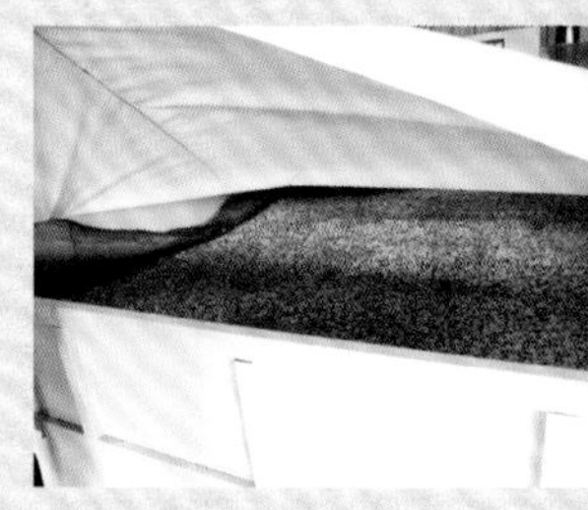

制作杭菊花茶的制程中所用的干燥备。干燥杭菊的方式是热风干燥，源成本相当高

工作人员正忙着挑出水损变色的杭菊

被水浸泡后的杭菊颜色变成褐色，制成杭菊花茶卖相不佳，会被当瑕品挑出

杭菊 植材预处理

杭菊取得的最佳时机，就是请读者们注意铜锣杭菊季的日期。农会会计算当年花况，按照花况安排当年杭菊季的日期，在杭菊季的前后几周，陆续开始会有杭菊的采收，我们可以在这个时段，安排取植材兼踏青的一日行程，直接到台湾最大的杭菊产地铜锣乡去购买植材。

到了产地后，可以购买新鲜采摘下来、还没烘干的杭菊，因这类杭菊节省了大量的烘干能源成本，价格上会比烘干后的便宜许多。还有，杭菊若是碰到水，花朵颜色会变成咖啡色，但这并不会影响蒸馏产物的品质。

由于杭菊只有产季区间能买到新鲜的，建议一次购买多一点的量。根据经验，一回家立刻把新鲜杭菊真空包装，放到冰箱冷冻保存，放个半年、一年再拿出来蒸馏，所得到的产品在感官评价上几乎与新鲜的无异。

杭菊在预处理的部分，并没有太多烦琐的工序，因为杭菊必须用人工进行采摘，也就是像人工采收茶叶一般，以一心二叶的长度一株株细心采收；杭菊完全仰赖人工一朵朵将花朵折断，所以在产地购买到的杭菊都不会保有过长的花梗或是花况不佳的产品。

娇小可爱，香气迷人，功效强大的杭菊

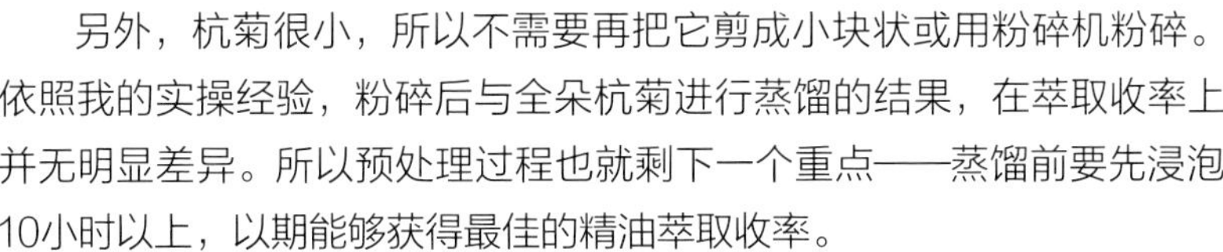

另外，杭菊很小，所以不需要再把它剪成小块状或用粉碎机粉碎。依照我的实操经验，粉碎后与全朵杭菊进行蒸馏的结果，在萃取收率上并无明显差异。所以预处理过程也就剩下一个重点——蒸馏前要先浸泡10小时以上，以期能够获得最佳的精油萃取收率。

杭菊在蒸馏前要浸泡10小时以上，最长则以不要超过一天为限。有文献实验证明，杭菊浸泡时间与精油萃取率的关系，在浸泡10小时到达最高收率，而浸泡10～24小时，精油的萃取收率并无增加。

称取要蒸馏的杭菊重量，选择大小合适的容器，添加杭菊重量10～14倍的蒸馏水，重点是水面要能够完全淹没过植材。杭菊在吸收水分后，可以观察到它会立刻膨胀起来，可以吸收大量的水分，添加完适量的蒸馏水后，将容器密封，放置于室温中或冰箱中皆可，时间到后取出蒸馏。

杭菊 蒸馏条件

植材的料液比例 = 1：（10～14）

蒸馏杭菊时的料液比例，参考文献与多次实操经验，建议的料液比例为1：（10～14）。

杭菊在进行预处理的阶段，就先量取植材10～14倍重量的蒸馏水浸泡，浸泡程序完成后，如果你选择使用的是水上蒸馏法，就将浸泡过吸满水分的杭菊先行沥水，再置于蒸馏器上方放置植材的位置，而沥下来浸泡过杭菊的蒸馏水，直接添加到蒸馏器下方蒸馏水的位置即可；如果你选用的是共水蒸馏的方式，可以直接在蒸馏器中进行浸泡的工序。

共水蒸馏中的杭菊

另一点提醒就是，当你使用共水蒸馏款式的蒸馏器时，必须先考虑植材与水充填进去后的总体积。共水蒸馏植材与水的充填范围一般为容器容量的三分之一至三分之二，过低或是过高的充填比例都有缺点，所以这个充填容量的上下限，可以当成蒸馏器的有效充填范围。

充填的比例过满，上方空间不足，容易让沸腾的液面过高，造成未完全汽化的蒸馏水或是蒸馏底物被带进蒸馏产物中污染；充填的比例过低，容易造成植材在蒸馏过程中直接接触到容器受热底部，被过度加热或是烧焦。

铜制蒸馏器，准备以水上蒸馏法蒸馏杭菊

例

料：杭菊200克

液：蒸馏水2000～2800毫升

蒸馏的时间＝180～360分钟

根据经验，杭菊精油与纯露的蒸馏时间为180～240分钟。但是，为什么在上面的建议时间又可以拉长到360分钟呢？因为有文献证明，蒸馏杭菊的精油萃取率在其他蒸馏条件都相同的状态下，蒸馏时间从4小时到13小时，精油萃取率会从0.28%一直上升到0.45%。

也就是说，蒸馏时间在13小时以内，精油的萃取收率与时间都是成正比的关系。但是，如果一个蒸馏的时程要超过4小时，甚至长达13小时，相对要付出的时间成本、燃料成本也要往上加。

特别要考虑的是，蒸馏过程中都无法离开蒸馏器，时间太久确实也很不方便。所以，除非是商业大规模生产，精油收率的每一个小数点都影响很大的状态，一般我都会建议蒸馏时间不要超过4小时，比较合情合理。

蒸馏注意事项

a. 杭菊的精油密度比水轻，可选择一般轻型的油水分离器。
b. 杭菊的精油含量不高，实操中虽然可以明显见到纯露中呈现混浊状，代表富含精油混溶于其中，但是蒸馏结束后，并没有观察到明显的精油层，所以实操中也可以省略使用油水分离器，直接接收杭菊纯露。

杭白菊花精油主要成分（水蒸气蒸馏法萃取）

成分	含量
龙脑/Borneol	1.54%
樟脑/camphor	1.40%
乙酸龙脑酯/Bornyl acetate	1.21%
β-榄香烯/β-Elemene	1.22%
正癸酸/Decanoic acid	1.09%
反式-β-金合欢烯/*trans*-β-Farnesene	2.35%
姜黄烯/Curcumene	2.66%
β-红没药烯/β-Bisabolene	1.95%
β-杜松烯/β-Cadinene	1.90%
石竹烯氧化物/Caryophyllene oxide	7.39%
β-马榄烯/β-Maaliene	4,56%
香树烯/Alloaromadendrene	2.27%
α-木香醇/α-Costol	1.13%
α-香柠檬烯/α-Bergamotene	1.29%
棕榈酸/Palmitic acid	1.19%

Sweet
Osmanthus

2-10

桂花

学名 / *Osmanthus fragrans* Lour.
别名 / 木犀、木犀花
采收季节 / 每年 8 ~ 10 月
植材来源 / 新北市直潭区
萃取部位 / 花

桂花 *Osmanthus fragrans* Lour. 也称为木犀花、山桂、岩桂，属于木犀科*Oleaceae*木犀属*Osmanthus*，为常绿阔叶灌木或乔木，树干硬且有纹路，质感类似犀牛角而得名。

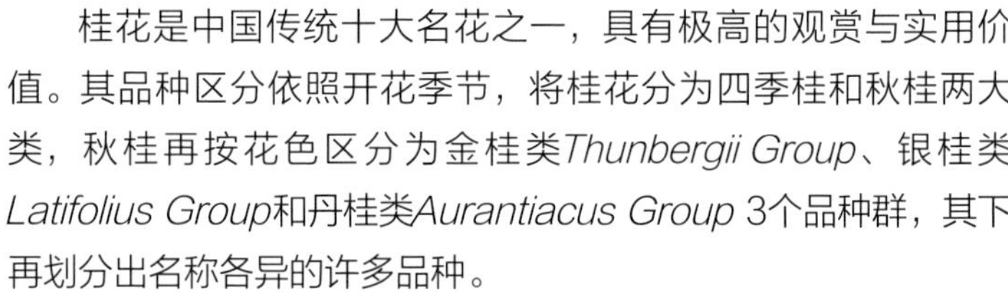

桂花是中国传统十大名花之一，具有极高的观赏与实用价值。其品种区分依照开花季节，将桂花分为四季桂和秋桂两大类，秋桂再按花色区分为金桂类*Thunbergii Group*、银桂类*Latifolius Group*和丹桂类*Aurantiacus Group* 3个品种群，其下再划分出名称各异的许多品种。

秋桂的花期一般来说在农历八月，故有“八月桂花香”的说法，秋桂开花的花期较短，只有5~10天；而四季桂则在一年之内可以开花数次，夏季开花较少，秋季到春季间开花较为繁盛。四季桂的植株与秋桂相比相对矮小，呈现灌木状，常应用在矮篱笆、盆栽、单棵种植等。

依照花朵颜色，可以简单辨别桂花的品种。

① 金桂：花色为有深有浅的黄色，香气极为浓郁。

② 银桂：花色呈现白色或淡黄色，香气较淡。

③ 丹桂：花色为橘红色或橘黄色，香气也较淡。

④ 四季桂：花朵颜色为淡黄色，香气也不似金桂般浓郁。四季桂也是台湾最常种植的品种。

大阪黄金桂花

小分享

常听人说“八月桂花香”，总以为桂花要8月才会开花，但后来发现，一年中其实有好几个月的时间都有桂花盛开，尤其是四季桂，几乎常见它开花呢！

桂花生长韧性强，不太需要特别照顾，马路上也可看见以桂花作为行道树。桂花不仅是一种观赏用花卉，同时具有一定的实用价值与药用价值。诗人王维的《鸟鸣涧》写到：“人闲桂花落，夜静春山空。月出惊山鸟，时鸣春涧中。”形容了桂花落下的闲适与恬静，也说明桂花予人那股优雅空灵的感觉。

友人家中种了4棵桂花，花况极佳，于是我前往摘取。桂花在食材领域的应用算丰富，如添加桂花的香肠、桂花花茶、桂花酱、桂花包种茶等，这些运用锁定的都是桂花清新馥郁的花香。

盛开中的桂花。桂花的花朵很小，采摘比较费工夫，也很容易一碰就掉

自己摘花对我这习惯都市生活的人来说，是一个非常新鲜好玩的行程。友人自家庭院种的桂花，完全不用任何农药，自然不用担心植材会有农药残留的问题，但也正因为不施任何化学药剂，一边摘花还要一边留意来采花蜜的蜜蜂，还有蜘蛛、小虫，全自然的环境让昆虫生态十分丰富。

这4棵盛开的桂花让我有了足够花材来蒸馏。读者如果钟情于桂花的香气，又不像我这么幸运有朋友的庭院桂花可采，我推荐屏

桂花

植材预处理

东芹胜园园区里所种植的桂花，也是采用不使用农药、让其自然生长的“友善种植法”。

桂花的花朵很小，只能依赖人工采摘，采摘时花朵又很容易掉落，每天能采摘的数量真的很有限，费时又费工，除了屏东芹胜园以外，我目前还未找到第二家愿意采收桂花后不加工，直接销售桂花给消费者的小农。

友人院里的桂花老丛，树高已达6米，长在高处的桂花还得出动铝梯才够得着

桂花花小数量多，花为总状花序，花序的顶端长在叶子的腋下，增加了采收的难度

桂花的采收很费工夫，花朵娇小、一碰触又很容易掉落，不过看到手掌心上香气满满的“娇客”，瞬间忘记了疲惫

小知识：桂花中的单宁是什么？

单宁又被称为鞣质，是一种天然的酚类物质，通常称为鞣酸或单宁酸，存在于很多环绕在我们生活周围的植物、水果和饮品之中，如葡萄、柿子、茶叶和红酒等。单宁酸会带来酸涩口感，而柿子是单宁酸含量最高的水果，所以新鲜采摘后会太涩而无法直接食用，需先经过脱涩处理后才可以吃。红酒内也饱含单宁酸，所以刚开瓶的红酒喝起来较涩，放置一段时间，让酒与空气接触，单宁酸渐渐氧化后，涩味也会渐渐消失，所谓的“醒酒”就是这个意思。

单宁酸对人体具有抗菌、抗氧化和预防心血管疾病的作用，但是不可以过量，因为过量的单宁酸会产生一些抗营养的作用，食用过多会引起体内维生素A含量减少，也会干扰B族维生素的利用以及钙、铁等物质的吸收。

有优良的植材才能蒸馏出品质优良的产物，不同时期采收的植材，所含的挥发性成分都会有差异，对于鲜花类植物来说，采收的时机更是非常关键。

从关于桂花的研究中发现，它在不同开花时期的香气有所差异，这香气的差异就证明了不同的桂花在不同的开花时期，所含的挥发性成分也不同。所以，找到桂花最佳的采摘时机是蒸馏出最佳桂花精油与纯露的关键。

桂花的花期一般可以持续7～10天，有文献研究表示，若是简单将整个桂花花期区分为初花期（大约有10%的桂花已经开放，大部分还呈现半闭合状态），盛花期（70%以上的桂花已完全绽放）以及末花期（盛花期后1～2天，已开始有少量落花）三个阶段，研究结果证明，桂花精油的含量以初花期为最高，其次是盛花期，末花期的精油含量则是最少的。

除了精油含量以初花期为最高，大多数赋予桂花香气的挥发性成分（β-紫罗兰酮、二氢-β-紫罗兰酮、芳樟醇、δ-癸内酯）也在初花期的含量达到最高，这表示初花期的桂花香气特别浓郁、持久，蒸馏出来的精油与纯露，香气品质也会特别好。所以，我们在桂花花期中最佳的采摘时机就在大约只有10%桂花完全开放，其余都还处于半闭合状态的初花期。

新鲜采摘的桂花，香气极易损失，如果不能立刻进行蒸馏，最为简便正确的保存方法是放置在冰箱冷冻保存（-10～-20摄氏度）。桂花成分中含有单宁，容易在空气中被氧化，形成褐色或黑色物质，鲜桂花采摘后容易变色，就是单宁氧化所导致。所以，即使冷冻保存，最好也不要超过一个月，否则桂花花瓣也将开始褐化，影响蒸馏产物的质量。

有文献资料表示，冷冻保存的桂花蒸馏所得的精油收率与新鲜采收的桂花只有非常轻微的差距，但如果是干燥后的桂花，那精油的萃取收率就会大幅度下降，大约只有新鲜桂花蒸馏收率的二分之一。所以采摘下来无法立即进行蒸馏的桂花，采用冷冻保存会比干燥后保存更加合适。

新鲜采摘的桂花，蒸馏前可先浸泡数小时到隔夜，能略微提升精油萃取收率。

桂花

蒸馏条件

植材的料液比例＝1：（4~5）

桂花的精油含量较低，所以添加的蒸馏水不宜太多，一般采用1：（4~5）的比例添加。

浸泡有助于提高桂花精油的萃取收率，将新鲜采摘下来的桂花，尽可能去除不要的枝叶，然后选择大小合适、有盖可以密封的容器，将桂花置入容器中，按照上述比例添加蒸馏水。桂花的花朵很小也很轻，添加水后通常会浮在水面上，我们可以搭配搅拌或是盖上盖子加以摇晃，尽量让容器中的桂花都能充分接触、吸满水分，最后密封置于室温下或冰箱冷藏都可以。先进行几个小时或隔夜的浸泡，再蒸馏。

采摘下来的新鲜桂花，先挑出一些杂质与品相不佳的花朵

例

料：桂花200克

液：蒸馏水800~1000毫升

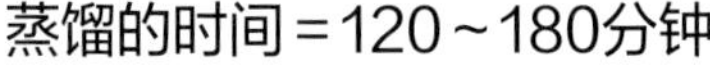

蒸馏的时间＝120~180分钟

桂花属于花朵类植材，精油含量较少，蒸馏产品着重于感官的香气，所以我们可以将蒸馏的热源关小，放慢蒸馏速度，加长蒸馏时间，让植材中的香气活性成分在比较缓和的加热环境下慢慢蒸馏出来，减少热对于这些成分的破坏，可以获得感官评价较佳的桂花精油与纯露。

桂花蒸馏前先浸泡

2020/03/03以新鲜桂花蒸馏，植材取自直潭

蒸馏注意事项

a. 淡黄色的桂花精油密度比水轻，可选择一般轻型的油水分离器。
b. 桂花精油的萃取率在0.15%~0.07%。
c. 桂花的精油含量很低，除非植材的量很大，否则就算使用油水分离器，也很难累积足够的精油层来分离，所以实操中可以省略使用油水分离器，直接接收桂花纯露。

桂花精油主要成分（水蒸气蒸馏法萃取）

二氢-β-紫罗兰酮/Dihydro-β-ionone	58.1%
β-紫罗兰酮/β-Ionone	27.7%

桂花纯露主要成分（水蒸气蒸馏法萃取）

β-紫罗兰酮/β-Ionone	61.63%
二氢-β-紫罗兰酮/Dihydro-β-ionone	16.01%
芳樟醇/Linalool	13.78%

银桂精油主要成分（水蒸气蒸馏法萃取）

氧化芳樟醇/Linalool oxide	2.24%
β-紫罗兰醇/β-Ionol	2.36%
α-紫罗兰酮/α-ionone	0.99%
β-紫罗兰酮/β-Ionone	5.29%
δ-癸内酯/δ-Decalactone	6.32%
环氧芳樟醇（双花醇)/Epoxylinalool	2.00%
二氢猕猴桃内酯/Dihydroactinidiolide	5.74%

金桂精油主要成分（水蒸气蒸馏法萃取）

氧化芳樟醇/Linalool oxide	4.16%
芳樟醇/Linalool	2.06%
香叶醇(牻牛儿醇)/Geraniol	8.55%
α-紫罗兰酮/α-Ionone	5.90%
β-紫罗兰酮/β-Ionone	20.61%
β-二氢紫罗兰酮/Dihydro-β-ionone	1.40%
δ-癸内酯/δ-Decalactone	3.13%
环氧芳樟醇(双花醇)/Epoxylinalool	1.96%
二氢猕猴桃内酯/Dihydroactinidiolide	5.89%

四季桂精油主要成分（水蒸气蒸馏法萃取）

氧化芳樟醇/Linalool oxide	1.53%
芳樟醇/Linalool	1.34%
香叶醇(牻牛儿醇)/Geraniol	8.50%
α-紫罗兰醇/α-Ionol	1.49%
β-紫罗兰醇/β-Ionol	8.46%
α-紫罗兰酮/α-Ionone	0.80%
β-紫罗兰酮/β-Ionone	1.30%
β-二氢紫罗兰酮/Dihydro-β-ionone	0.95%
δ-癸内酯/δ-Decalactone	1.95%
丁香酚/Eugenol	0.98%
橙花叔醇/Nerolidol	0.65%

Lemon Mint Marigold

2-11 香叶万寿菊

学名 / *Tagetes lemmonii*
别名 / 芳香万寿菊、臭芙蓉
采收季节 / 全年
植材来源 / 全株（根部除外）
萃取部位 / 自家

香叶万寿菊为菊科 *Asteraceae* 万寿菊属 *Tagetes* 植物。万寿菊属植物大约有30个不同的品种，广泛分布在南美洲热带及亚热带地区，台中市、南投县也都有比较大范围的栽种。

香叶万寿菊在秋冬开花，花朵为金黄色、由5～8片花瓣组成，植株高度在40～70厘米，叶子为羽状复叶、对生，形状为狭长的椭圆形或披针形，叶片背面有明显的油腺小黑点。全株植物散发出类似百香果的特殊香气。万寿菊属植物的花部、叶部甚至全草皆具功效，其精油或萃取物常被运用。在食品界常被作为香料、颜色（橘色）添加或泡茶饮用，在香水香精产业当成调香使用，而芳香疗法的领域中，也有广泛运用。

万寿菊属植物是常见可以拿来DIY蒸馏的植材，由于不同品种的万寿菊所得的精油挥发性成分不尽相同，以下分享几个常见品种，选择植材前，先分辨清楚要蒸馏的植材是哪个品种后，再查找相关资料。

1. **香万寿菊Lemon Mint Marigold，学名*Tagetes lemmonii*，别名香叶万寿菊、防蚊草。**
2. **万寿菊African Marigold，学名*Tagetes erecta*，别名臭芙蓉、蜂窝菊。**
3. **孔雀草French Marigold，学名*Tagetes putula L.*，别名细叶万寿菊。**
4. **甜万寿菊Sweet Marigold，学名*Tagetes lucida*，别名墨西哥龙艾。**

小分享

香叶万寿菊是一种容易种植也容易扦插繁殖的香草植物，气味强烈，手掌只要轻摸就会沾染上它的气味。原生植物的气味我不太能接受，但神奇的是，它所蒸馏出的纯露有着浓浓的百香果气味，蒸馏过程中整个空间都会飘散百香果香；近年来有制茶业者将香叶万寿菊添加至茶包中或单独制成香草茶包，成为茶饮的另一种新选择。

市场上售卖的香叶万寿菊精油，萃取部位大都是选用花朵，而我是选用叶片蒸馏。其实香叶万寿菊叶子部位所含的活性成分与花朵所含的活性成分差异并不大，所以无论取材的是香叶万寿菊的叶子、花朵，甚至取用全株植物，其实都是可以的。

花期中的香叶万寿菊

香叶万寿菊的花序与叶片形状

香叶万寿菊叶片背面的小黑点就是它的油腺

新鲜与干燥后的香叶万寿菊，花、叶可以单独蒸馏，也可以全株植材进行蒸馏。选择植材的部分，简单分成几个不同的方式。

1. 香叶万寿菊花期盛开时，单独采取香叶万寿菊的花蒸馏。
2. 单独采摘香叶万寿菊的叶子蒸馏或采收整株蒸馏。
3. 花季时，采收带花的全株香叶万寿菊蒸馏。

香叶万寿菊每个部位都有利用价值，各部位主要挥发性成分（指占整体含量50% 以上的成分）相同，只有一些次要性的成分不相同，所以单独蒸馏或全株蒸馏都可以。叶子含油率最高，其次是花、茎。

在香叶万寿菊未开花的时候，茎、叶的含油量最多，花期时这两者的含油量会下降。若是以蒸馏叶子所得的精油收率来进行比较，秋季采收的香叶万寿菊叶子精油的收率要高于春季所采收的叶子，在抗氧化的能力上，也是以秋季采收的叶子比较好。

单独蒸馏新鲜叶子所萃取的精油与纯露，味道带有新鲜叶片的“青”味，而在花期时混合新鲜的香叶万寿菊花一起蒸馏，萃取的精油与纯露在感官香气上的评价，会因为增加了花朵挥发性组分的影响，整体香气优于单独蒸馏叶子。

剪取香叶万寿菊

采收下来带有花序的香叶万寿菊

将香叶万寿菊的茎叶剪成小段状

不嫌工序麻烦的话，可以分开采摘，再混合较高比例的花朵与叶子进行蒸馏是最佳的方法，或是直接在花期采摘带花的全株植材进行蒸馏，全株植材蒸馏的得油率会因为茎部的含油率较低而变低。

有实验文献指出，新鲜与干燥后的香叶万寿菊蒸馏出的精油，两者挥发性成分没有明显差异，所以也可以将新鲜香叶万寿菊干燥保存，再进行蒸馏。

比较简单的干燥方法，就是类似干燥花的制造方式，将植株取适当长度剪断，然后底部用系绳捆绑，倒挂在室内或阴凉处，使其渐渐脱水干燥。等要进行蒸馏时，再取干燥后的植材预处理后蒸馏。与新鲜的香叶万寿菊一样，干燥的香叶万寿菊可以分开蒸馏，也可以全株进行蒸馏。

新鲜的香叶万寿菊，花朵、叶片可以直接装入蒸馏器蒸馏，若是全株香叶万寿菊则将其剪成合适长度即可，不需要先行浸泡；干燥的香叶万寿菊在蒸馏前可先浸泡，浸泡时间约2小时，香叶万寿菊的浸泡时间对得油率的增加没有明显影响，但先浸泡植材对于蒸馏时的热量传导确实有帮助，所以建议先浸泡。

香叶万寿菊可以单独蒸馏，也可以和全株植材一起蒸馏，不需要特别分离

香叶万寿菊蒸馏准备中

剪成适当粉碎度的香叶万寿菊，便可以装入蒸馏器中蒸馏

植材的料液比例＝1：（6~8）

新鲜的香叶万寿菊，不论是花朵、叶片或全株蒸馏，因其植材富含水分，蒸馏前都不需要先浸泡，且添加的料液比例也都一样，建议以1：（6~8）添加蒸馏水。

干燥的香叶万寿菊，建议先进行2小时的浸泡，再添加1：8范围内的蒸馏水进行蒸馏。

例 **料：香叶万寿菊全株200克**
液：蒸馏水1600~1200毫升

蒸馏的时间＝180~240分钟

蒸馏时间最佳建议为240分钟。有文献证明，蒸馏时间在240分钟之前，蒸馏出的精油都跟蒸馏时间成正比，蒸馏时间在240分钟后，则精油萃取收率没有明显上升。所以建议把时间控制在4小时，超过4小时对于提高收率并没有帮助，反而会降低整体产物的品质与浪费能源。

蒸馏注意事项

a. 新鲜与干燥的香叶万寿菊精油，密度都比水轻，可以选择轻型的油水分离器。
b. 收集到的香叶万寿菊精油呈透明黄色，夹杂一点点浅浅的绿色。
c. 香叶万寿菊精油密度和水非常接近，含油率不低，纯露会呈现混浊状，静置等待油水分离的时间要长一点。
d. 全株蒸馏的香叶万寿菊精油，得油率平均为0.10%~0.35%。
e. 香叶万寿菊纯露有很明显的百香果香气。
f. 加入2%的氯化钠，可以提升得油率。

香叶万寿菊精油主要成分（水蒸气蒸馏法萃取）

二氢万寿菊酮/Dihydrotagetone	41.16%
马鞭草烯酮/Verbenone	15.86%
3-叔丁基苯酚/3-Tert-Butylphenol	17.72%
顺式万寿菊酮/*cis*-Tagetone	4.72%
反式万寿菊酮/*trans*-Tagetone	8.27%
反式-β-罗勒烯/*trans*-β-Ocimene	5.00%
大根香叶烯D/Germacrene D	1.05%

Pomelo
Flower

2-12 白柚花

学名 / *Flowers of Citrus maxima*
采收季节 / 每年 3 ～ 4 月
植材来源 / 新北市坪林区
萃取部位 / 花朵

柚子是芸香科*Rutaceae*柑橘属*Citrus*常绿乔木果树，花、叶、果皮皆可提取精油；白柚花则是植物柚的花朵，香气浓郁怡人，同时还具有清热解毒、行气除痰的功效。

白柚花的花期在每年3～4月，当白柚花开时，果农为了取得品质较佳的柚子果实，会在这个阶段进行疏花，这个时候会有大量的白柚花被果农采摘下来，有些采摘下来的花会被干燥后制成白柚花茶，有些则直接被弃置。

将白柚花丢弃实在非常可惜，所以建议读者们，可以想办法去利用这些没有被开发成产物的白柚花，将它蒸馏成精油与纯露，让这些宝贵的花朵被完整运用。

新北市坪林区盛开的白柚花

白柚花花苞

照片左方的白柚花，花期已过，花瓣已经掉落，这时的白柚花已经完全没有花朵的香气，进入酝酿结果的状态，这样的花朵不适合进行蒸馏

小分享

自从2017年开始蒸馏制作精油、纯露，寻找植材变成了一件非常重要的事，寻得白柚花，是源于寻橙花。橙花在芳疗及香水工业里占了极大的位置，但是橙花却比玫瑰花更难寻得，原因在于橙花属于柑橘类果树的花朵，花摘了就没有果实可以收成；而且橙花的花朵小、重量又轻，采摘耗时又费工夫，站在果农的立场来说是不会摘花来售卖的，一直到目前为止，我还不知道台湾哪里有大量种植柑橘类树种又愿意售卖花朵的果农。

苦寻不着橙花的我，无意间在2018年3月左右，拜访坪林山上的友人，友人家中的院子随风飘来一股浓郁的香味，抬头一看才发现是棵开满小白花的柚子树。小小的白柚花花瓣厚实、花型奇特，但就算发现可以采摘的白柚花，要采摘花朵也不是件容易的事。柚子树一般来说都很高大，必须攀爬到树上才能采到花朵，费了一番工夫才采到足够蒸馏的花。

据友人透露，柚子并非高经济价值的水果，卖价不高，产量又很大，因此有些柚子树即使结满了果实，果农也因为不符成本而不愿多花人力去采摘，这一点倒是让想要取得柑橘类花朵的我，发现白柚花是一个比较容易取得的种类。

柚子果农疏花保果的阶段，其实是收集白柚花、橙花这类柑橘类花朵的最佳途径与时机点，也可以增加果农收入，将原本要丢弃的花朵，蒸馏成为香气馥郁的精油与纯露，让柑橘类果树得到最高程度的利用效率。

在寻找资料的过程里，发现文献中橙花、白柚花两种花朵的GC-MS测量里居然有许多相同的化学成分，差别只在于含量的多少，难怪白柚花的香气与橙花如此相像。

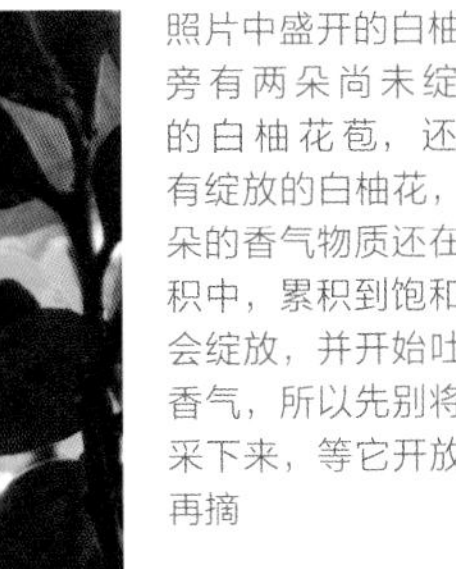

照片中盛开的白柚花旁有两朵尚未绽放的白柚花苞，还没有绽放的白柚花，花朵的香气物质还在累积中，累积到饱和才会绽放，并开始吐露香气，所以先别将它采下来，等它开放后再摘

白柚花的花期在每年的3～4月，花期不长，一旦开始开花，就要在短短一个月的花期内，赶紧采收。

采摘白柚花与采摘玫瑰花一样，要挑选始花期（花苞刚开）与盛花期（花朵完全开放）的花朵，还没有开放的花苞则先不要采摘，保留到它开始绽放后再采收。

采收柚花的最佳时间，也尽量挑选在早晨环境温度还没有完全升高之前，这时候的白柚花所含的挥发性成分还没有大量挥发到环境中，对于蒸馏产物的品质和萃取率都比较好。

白柚花的花期只有一个月，如果没有办法立即蒸馏，保存的方法就显得相对重要。一般保存白柚花的方式有两种，一是采用冷冻保存，二是将白柚花先进行干燥，以干燥后的状态加以保存。

采摘下来的盛开鲜花。白柚花的花型相当独特，花瓣的厚度与重量也比一般的花朵厚且重

盛花期完全绽放的白柚花，花朵香气非常浓郁

这两种方法，我比较推荐的是冷冻保存，如果能够先以真空包装后再冷冻，效果会更好。冷冻保存的方式比干燥保存更为简单方便，而且冷冻过后的白柚花蒸馏所得的精油与纯露，也和玫瑰花一样，并不会因为冷冻而造成主体香气成分有大规模的改变，蒸馏产物的感官香气与鲜花几乎一致。

先干燥的白柚花，蒸馏所得的精油与纯露虽然挥发性成分的组成与含量大致上相同，但与新鲜白柚花所蒸馏出来的纯露相比，还是能轻易分辨出感官香气有所差异。所以白柚花的保存方式，推荐用冷冻保存。

新鲜白柚花采用全朵蒸馏的方式，预处理也就比较简单，只要去除花朵下方过长的花梗即可。如果是采用干燥后的白柚花蒸馏，可以先进行大约30分钟短时间的浸泡，再移至蒸馏器蒸馏，浸泡有助于蒸馏的热传导与挥发性成分的萃取。

新鲜的白柚花采全朵蒸馏，预处理时只要将过长的花梗去除即可

推荐冷冻保存白柚花，照片中的白柚花冷冻保存约一周，花朵的颜色、外形都没什么改变

植材的料液比例＝1：（8～10）

在参考文献与多次实操经验累积下，推荐给读者的最佳料液比例为1：（8～10）。

我曾阅读过文献提到最佳料液比例为1：15，并且把蒸馏的时间设定为8小时。但按照多年实际蒸馏的经验，文献上建议的蒸馏时间实在是太长，所以我建议自行DIY的读者，尽量把蒸馏时间缩短到4小时左右。因为缩短了蒸馏时间，同时也建议将料液比例缩小为1：（8～10）。

如果如文献所建议的1：15料液比例，而我们把蒸馏时间缩短成4小时，在4小时内将重量是白柚花15倍的蒸馏水蒸馏出来，那么每小时蒸馏出来的量，必须是蒸馏8小时的两倍，需要把加热火力开到非常大，才能够提供足够大的蒸汽量。

我们都知道花朵类精油与纯露中，有相当多对加热敏感的挥发性成分，过度加热一定会影响产物的感官香气与成分，所以才建议把料液比例缩小为1：（8～10），搭配上3～4小时的蒸馏时间，用比较和缓的加热方式去进行蒸馏，维持蒸馏产物的香气品质。

例

料：白柚花200克

液：蒸馏水1600～2000毫升

准备蒸馏的白柚花与铜制蒸馏器

蒸馏的时间=180~240分钟

有文献记载，以水蒸气蒸馏法蒸馏白柚花精油，需蒸馏2~8小时，白柚花精油的萃取率随着时间增加而增加，而当蒸馏时间到达8小时以后，再继续增长蒸馏时间无法提高精油的萃取率。这就表示8小时是蒸馏的终点，挥发性的成分已在8小时中被完全蒸馏出来，再增加蒸馏时间只是徒增生产成本。

对于一般DIY的读者，一次蒸馏时间如果设定在8个小时，时间可能过长，所以我还是建议把蒸馏时间设定在4小时以内。如果有很充裕的时间，不妨在蒸馏白柚花的时候适量延长时间，只要蒸馏时间在8小时以内，挥发性成分的萃取率都与时间成正比。

蒸馏注意事项

a. 白柚花精油密度比水轻，可选择一般轻型的油水分离器。

b. 白柚花精油的萃取率在0.2%~0.3%。

c. 白柚花精油含量不高，除非植材量很大，否则很难累积到可以收集的精油层，可省去使用油水分离器，直接以长颈容器接收精油与纯露。

d. 花朵类蒸馏，火力不宜太大，以较缓和的火力蒸馏较能得到香气品质佳的产物。

e. 加入氯化钠有助于白柚花精油的萃取率，添加氯化钠的量约是蒸馏水量的3%~4%为最佳浓度。共水蒸馏添加氯化钠的效果会比较好，而水上蒸馏加入氯化钠的效果会差一点。

白柚花精油主要成分

成分	含量
苯乙醛/Benzenacetaldehyde	1.44%
苯甲酸/Benzoic acid	5.88%
吲哚/Indole	0.31%
邻胺苯甲酸甲酯/Methyl anthranilate	3.73%
芳樟醇氧化物/Linalool oxide	0.84%
橙花叔醇/Nerolidol	6.25%
金合欢醇/Farnesol	10.39%
正十六碳酸/*n*-Hexadecanoic acid	3.67%
棕榈酸乙酯/Hexadecanoic acid ethyl ester	7.05%
植醇/Phytol	1.07%
亚油酸乙酯/Ethyl linoleate	9.61%
亚麻酸乙酯/Ethyl linolenate	7.55%
硬脂酸乙酯/Ethyl Stearate	1.07%
β-月桂烯/β-Myrcene	0.47%
松油烯/Terpinene	0.60%

注：柚子在每年的3~4月开花，新北市坪林的茶行有自己种植无毒的柚子树，读者如果需要白柚花，可在每年2月左右先向茶行预定花朵，茶行才会去采收。

2-13 薄荷

学名 / *Mentha* L.
采收季节 / 全年
植材来源 / 森农香草
萃取部位 / 叶、茎、全株皆可

薄荷为唇形科*Lamiaceae*薄荷属*Mentha*植物，多年生草本，有明显的清凉香气，广泛分布在欧、美、亚各洲，在台湾的分布也是很受欢迎的庭园观赏植物，在嘉南地区，薄荷作为经济作物大规模栽种。薄荷被广泛应用在医药、食品、化妆品、香料、烟酒等领域，是一项非常重要、非常有价值的植物。

薄荷喜欢潮湿温暖的环境，耐潮湿而不太耐旱，所以在野生的环境中，我们比较容易在潮湿的水边发现它的踪迹。薄荷也非常易于种植，可以选择排水性佳、富含有机质的土。薄荷喜欢日照，所以最好种植在室外，种植在室内则要不定时移去室外晒晒太阳，缺乏充足的日照，薄荷比较容易出现徒长的现象。

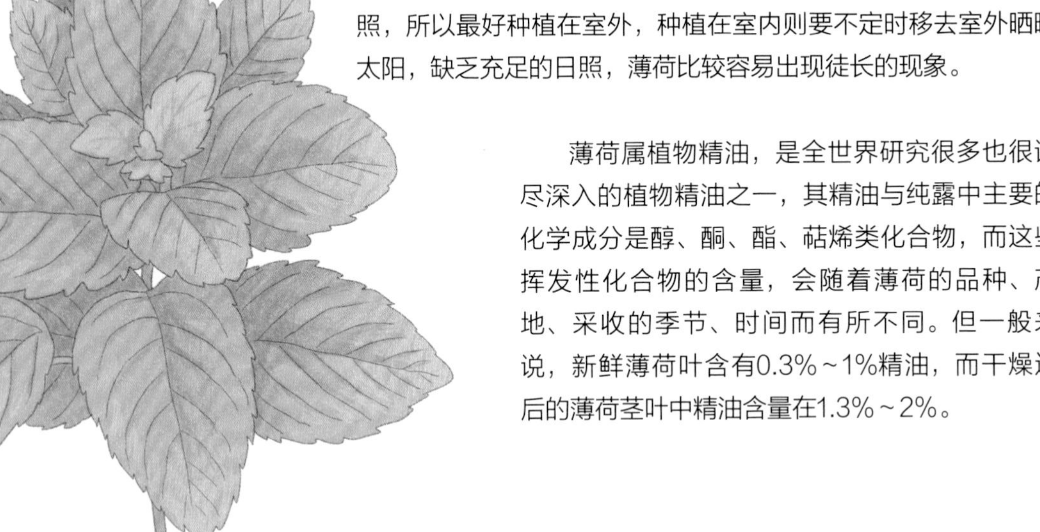

薄荷属植物精油，是全世界研究很多也很详尽深入的植物精油之一，其精油与纯露中主要的化学成分是醇、酮、酯、萜烯类化合物，而这些挥发性化合物的含量，会随着薄荷的品种、产地、采收的季节、时间而有所不同。但一般来说，新鲜薄荷叶含有0.3%~1%精油，而干燥过后的薄荷茎叶中精油含量在1.3%~2%。

香气清新的薄荷，非常适合作为蒸馏的植材

薄荷种植在盆栽里也非常容易生长，不妨种植几盆来作为蒸馏植材

已知的薄荷品种有500多种，森农香草园里薄荷品种也不少，照片中的薄荷是胡椒薄荷

小分享

薄荷是一种非常实用的香草植物，我在自家院子种植了2盆薄荷，它也很适合种在住家阳台，冬天可采摘放置于饮用热水中作为香草茶，夏天则制成纯露加入气泡水里，增添饮水的乐趣与功效。薄荷需要适当的修剪，适当修剪有助于生长。

目前对于薄荷属植物的抗氧化活性研究比较热门，其中薄荷属的挥发性和非挥发性成分都显示薄荷属植物有良好的抗氧化活性。研究表明，薄荷醇具明显的止痒作用，其止痒效果与抗组织胺的作用和抑制组织胺释放有关。

薄荷的品种非常多，香气略有不同，各有特色，从取材、预处理到蒸馏条件都可以依照本篇所述的程序来进行蒸馏。

薄荷是非常容易种植的香草植物，我阳台上的2盆薄荷，每3个星期左右就能修剪下来蒸馏制作纯露，在都市生活中也能拥有小小的芳香乐趣，而这也是我撰写纯露手作书的本意——从阳台到厨房，我们并非生产精油、纯露的大型工厂，能在生活中自己种植、自己采收、自己制作、自己用，这是一件多么美好的事！

薄荷 植材预处理

薄荷的叶、茎，甚至全株植物（薄荷的根部除外）都可以进行蒸馏，蒸馏薄荷叶和茎所得的精油与纯露，化学成分基本上大致相同，主要成分都是薄荷醇和薄荷酮，叶片部分的萃取率大概在0.45%，茎的部分比较低一点，约在0.2%。

由于薄荷根部主要的挥发性成分和茎、叶并不相同，如果采用全株薄荷进行蒸馏，根部的位置去除掉会比较好，否则在蒸馏产物的感官香气部分时比较不容易控制。

取得薄荷最建议的方式是自己摘种，这样就有最新鲜、最安全无药的植材，量大时可自行阴干保存，当然也可以向有机种植的农场购买。另外，还有一个选择就是青草行，但是青草行所售卖的薄荷，一般都是全株干燥后的商品，干燥后的薄荷茎、叶，蒸馏萃取的精油收率会比新鲜的高一点，感官香气也有些微差异，新鲜茎、叶所得的纯露比较清香，干燥后的就比较浓郁一点，但其挥发性成分并没有太大的不同，只是组分上的差异。

所以，蒸馏薄荷精油与纯露，植材的取得、使用的部位选择性很多，不过购买干燥过后的薄荷，还有一点要注意，就是有文献记载，干燥薄荷的含油率会随着保存年份增加逐年下降。

新鲜采收回来的薄荷，充满薄荷的特殊香气

待蒸馏的薄荷，植株看起来绿油油的，清新健康

保存时间在半年内，含油率只会损失大概1.5%，但到了半年至一年间，损失率就会急速上升到22.5%，保存四年的干燥薄荷，含油率的损失就会达到44.5%。所以，选择干燥薄荷植材要注意保存时间，尽量挑选新鲜一点的植材，同时最好在半年内就把它蒸馏完毕。

如果选择新鲜的叶、茎，只要用大量清水把植材上的泥土、杂质冲洗掉，然后把茎的部分剪成1～2厘米的长度，新鲜叶片含水量多，也比较柔软，可以不用剪成小片状，直接塞入蒸馏器中就可以。新鲜的茎、叶已经含有大量的水分，不需要先行浸泡，可以直接蒸馏。

使用干燥后的茎、叶或全株蒸馏都一样，可以把干燥后的植材，剪成1～2厘米的小段进行蒸馏。如果量大，可以剪成长度较长的小段，如果有粉碎机，则可以将茎、叶粉碎成小块状再蒸馏。使用干燥的薄荷茎、叶蒸馏前，可以先浸泡，以利于精油的萃取收率，浸泡的最佳时间为4小时。

薄荷的茎部精油含量比叶子低，但茎与叶的主要成分都是薄荷醇和薄荷酮，所以可以一起蒸馏。照片中是把茎分开后再剪成小段蒸馏

植材的料液比例=1：（5~8）

干燥的薄荷叶、茎、全株在浸泡时，液面必须完全覆盖过剪成小段状的植材，需要添加较多的水，所以在料液的比例上会使用比较高的比例。

另外，植材预处理后的颗粒大小，可能也会影响浸泡时添加水分的多少，没有剪碎或颗粒较大的植材，需要添加更多水分才能完全覆盖过去。所以，在计算料液比例的时候，适当调整植材颗粒大小，尽量不要超过最大的比例（1：8）太多。

蒸馏新鲜的薄荷叶、茎、全株时，植材本身充满水分，所以不需要浸泡，料液比例使用1：（5~6）即可。

例

料：薄荷叶、茎、全株200克
液：蒸馏水1000~1600毫升

稍微将薄荷叶剪成小块，移入蒸馏器准备蒸馏

蒸馏的时间=180~240分钟

无论是蒸馏新鲜或干燥的薄荷，蒸馏时间宜控制在180~240分钟，不需要过长时间的蒸馏。有文献的实验记录表示，蒸馏的前段有比较多的薄荷精油被蒸馏出来，第一个小时蒸馏出来的薄荷精油量，约占总萃取量的36%，而第二个小时所蒸馏出来的精油量，占总量的15%，第三个、第四个小时的量逐渐递减。所以我们可以利用这个数据资料，把蒸馏时间控制在4小时以内。

蒸馏注意事项

a. 新鲜与干燥的薄荷茎、叶或全株的精油，密度都比水轻，可以选择轻型的油水分离器。

b. 新鲜薄荷所取得的精油，颜色会比干燥的浅一些，两者的颜色都在浅黄色到深黄色之间。

c. 新鲜薄荷蒸馏所得的纯露与精油，气味会比较清香，干燥后的气味则比较浓郁一点，两者都有着很明显的薄荷特殊的香气。

薄荷叶精油主要成分（水蒸气蒸馏法萃取）

成分	含量
薄荷醇/Menthol	65.34%
薄荷酮/Menthone	10.63%
环己烯酮/Cyclohexenone	1.15%
乙酸薄荷酯/Menthyl acetate	6.23%
β-榄香烯/β-Elemene	0.25%
石竹烯/Caryophyllene	0.69%

薄荷茎部精油主要成分（水蒸气蒸馏法萃取）

成分	含量
薄荷醇/Menthol	69.14%
薄荷酮/Menthone	12.98%
环己烯酮/Cyclohexenone	0.89%
乙酸薄荷酯/Menthyl acetate	2.38%
β-榄香烯/β-Elemene	0.20%
石竹烯/Caryophyllene	0.53%

薄荷根部精油主要成分（水蒸气蒸馏法萃取）

成分	含量
二十四烷/Tetracosane	61.10%
薄荷酮/Menthone	2.06%
环己烯酮/Cyclohexenone	4.04%
乙酸薄荷酯/Menthyl acetate	1.17%
二十六烷/Hexacosane	2.38%
十三醛/Tridecylic aldehyde	1.80%

Asiatic Pennywort

2-14 积雪草

学名 / *Centella asiatica*
别名 / 雷公根、崩大碗、蚬壳草
采收季节 / 全年
植材来源 / 自家附近
萃取部位 / 全株

积雪草又称雷公根，属于伞形科 *Apiaceae* 积雪草属 *Centella* 的植物。积雪草在全世界的种类有20种左右，主要分布在南、北半球热带与亚热带地区，在台湾分布非常广泛，从低海拔的山区到平地、潮湿的水边、荒地、路边几乎都看得见它的踪迹。积雪草为多年生的匍匐草本植物，它圆形缺个角的叶片形状，让其拥有了很多个别称，如崩大碗、蚬壳草、半边钱等。

积雪草是传统药材中运用很早也很广泛的植材，早在《神农本草经》中就有记载积雪草性温和、无毒的内容，中医药学界也认为积雪草可祛风、止痒、消炎解毒、清热利湿，可治肝炎、感冒、扁桃体发炎、支气管炎等。

积雪草在我们的生活中几乎随处可见，它的活性成分又有广大的效用，是一款非常适合蒸馏的植材。

积雪草叶片的形状，正如它的俗名，像半边钱、缺个角的碗

积雪草的样貌

野外采摘回来移植到家中盆栽的积雪草

小分享

近几年在一些保养品广告中发现积雪草这个名词，这是多么浪漫的植物名字啊！在好奇心驱使下，查找了相关资料，对比植物图片后发现，这个拥有好听名字的积雪草其实就是雷公根，一种我们在公园里甚至马路中间的分隔岛上都可以见到的一种药用植物，它的繁殖力极强，不认识它的人一般都会将其误认为杂草呢！

近年来有大量研究显示，积雪草有修复皮肤、抗菌、抗发炎等优异功能，因此许多国际保养品大厂及生物科技公司纷纷投入研发积雪草相关产品，将它的萃取物用于医疗、美容、护肤上。

记得小时候我的奶奶都会采摘积雪草回家，干燥后混入一些薄荷叶，再加入一些冰糖熬煮，然后放置在冰箱中作为夏天的冰饮，口感非常棒，是一款简单易做的青草茶。

积雪草

植材预处理

积雪草的植株几乎是贴着地面生长，很容易被尘土所覆盖，蒸馏前可以先简单浸泡冲洗，去除这些尘土

新鲜采摘的积雪草，简单清洗后剪碎即可蒸馏

积雪草精油主要成分（水蒸气蒸馏法萃取）

成分	含量
α-石竹烯/α-Caryophyllene	27.79%
石竹烯/Caryophyllene	24.78%
石竹烯氧化物/Caryophyllene oxide	6.66%
β-金合欢烯/β-Famesene	6.82%

积雪草植材的取得，建议可以自行到野外采摘或是自行栽种，它的生长范围很广，也很容易种植，安排一个户外踏青的搜寻小行程，应该都不难发现它的踪迹。

若想自行种植，面积也不需要很大，积雪草非常适合干燥过后拿来蒸馏，小面积栽种、定时修剪，干燥后收集起来，累积到可以蒸馏的量时再进行蒸馏，也不失为一个好办法。

积雪草跟薄荷一样，都是属于能制作青草茶饮品的植材，所以，你也可以去青草行直接购买干燥过后的积雪草。购买干燥积雪草时，与购买干燥薄荷一样，要注意它干燥后已经保存的时间。保存的时间越长，植材中的精油成分会随着保存时间增加而减少，所以尽量挑选干燥保存时间越短者越好。

积雪草一般可采全株（根部去除）蒸馏，如果选择新鲜的叶、茎，只要用大量清水把植材上的泥土、杂质冲洗掉，就可以拿来蒸馏了。新鲜的积雪草茎、叶片含水量多，也相当柔软，所以可省略将它剪成小片状的程序，直接塞入蒸馏器中就可以。

干燥后的茎、叶或采用干燥全株（根部去除）进行蒸馏的预处理都一样，先把干燥后的植材，剪成1~2厘米的小段，如果蒸馏的植材量比较大，可以使用粉碎机，将茎、叶粉碎成小块状，然后加入蒸馏水浸泡，以利于活性成分的萃取收率，浸泡时间为4小时以上。

植材的料液比例＝1：（5～6）

干燥的积雪草在预处理时需要浸泡，而浸泡的液面必须完全覆盖过植材，可能需要添加较多的水，因此可选择较大的料液比例。另外，植材预处理后的颗粒大小也会影响添加蒸馏水的量，没有剪碎或颗粒较大的植材，可能需要加更多水才能完全覆盖过去。所以在计算料液比例的时候，适当调整植材的颗粒大小，按照上述的比例添加，尽量不要超过最大的比例1：6。

新鲜积雪草充满水分，不需要浸泡，料液比例使用1：5即可。

例 **料：积雪草200克**
液：蒸馏水1000～1200毫升

蒸馏的时间＝180～240分钟

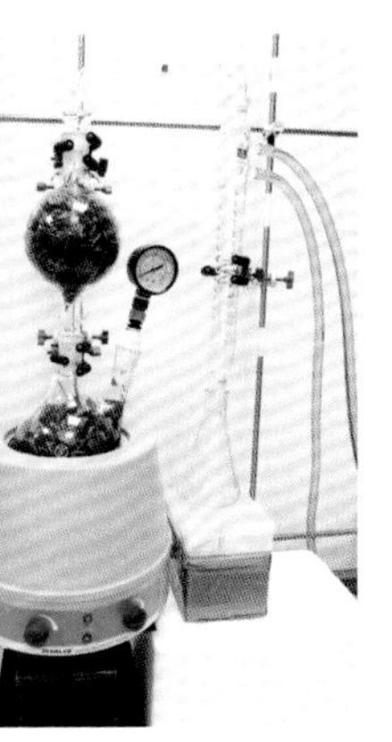
蒸馏积雪草纯露，采用共水蒸馏与水上蒸馏合并的方法

无论蒸馏新鲜或干燥的积雪草，蒸馏时间均可控制在180～240分钟，不需要过长时间的蒸馏。

阅读很多文献后可以发现，干燥植材的精油萃取量，大多集中在蒸馏的前段，蒸馏时间在2～4小时就已经蒸馏出精油含量的绝大部分，所以蒸馏新鲜或干燥的积雪草时间可以控制在180～240分钟，太长的蒸馏时间，对萃取收率影响不大。

蒸馏注意事项

a. 新鲜与干燥的积雪草精油，颜色为浅黄色到黄色之间，密度比水轻，可以选择轻型的油水分离器。
b. 积雪草精油的萃取收率约为0.1%。
c. 新鲜与干燥的积雪草味道上大致相同，新鲜的积雪草香气很淡，干燥后的积雪草气味则比较浓郁一些。

Lemon
Verbena

2-15 柠檬马鞭草

学名 / *Aloysia citrodora*
别名 / 防草木、香水木
采收季节 / 春夏生长旺盛、避开花季较佳
植材来源 / 森农香草
萃取部位 / 叶

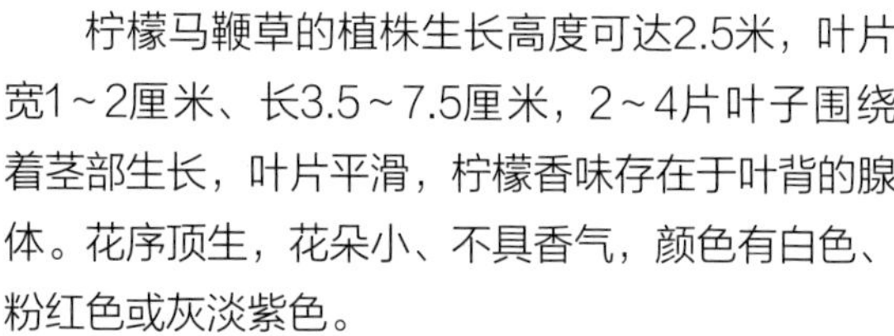

柠檬马鞭草又称“防臭木”，属于马鞭草科*Verbenaceae* 柠檬马鞭草属*Aloysia*落叶小灌木植物。原产地在阿根廷、秘鲁、智利，叶片因具有浓郁的柠檬香气而得名。

柠檬马鞭草的植株生长高度可达2.5米，叶片宽1~2厘米、长3.5~7.5厘米，2~4片叶子围绕着茎部生长，叶片平滑，柠檬香味存在于叶背的腺体。花序顶生，花朵小、不具香气，颜色有白色、粉红色或灰淡紫色。

柠檬马鞭草喜欢温暖全日照的环境，年平均温度为20摄氏度，比较不耐寒，冬天的时候需防霜害。目前柠檬马鞭草精油、纯露以法国、阿尔及利亚和摩洛哥为主要产地，柠檬马鞭草的叶片干燥后也具有柔和的柠檬香味，在欧洲是广受喜爱的花草茶之一，常被添加于烹调、甜点、肉类熏香等产品中，而精油纯露也被广泛应用于化妆品、香水香氛产业。

柠檬马鞭草的精油、纯露中的挥发性成分，也有许多药理活性及应用，是非常适合DIY蒸馏的植材。

小分享

柠檬马鞭草*Aloysia citrodora*和马鞭草*Verbena officinalis*两者要分辨清楚，这两种植物都可以进行蒸馏，但两者不但外形、香气上有差异，蒸馏所得产物的挥发性成分也完全不同，应用与功效当然也完全不同，在蒸馏前要分辨清楚。另外，再多分享几种引进到台湾的马鞭草科植物。

马鞭草

Verbena（*Verbena officialis*）

一年生草本，叶子对生，叶片形状类似羽毛，边缘有锯齿状。茎呈四方形，幼嫩的茎上有短毛。花序像稻穗的形状，花小、颜色为紫蓝色，也有不同品种的马鞭草花序呈团状。全株植物带根都可以运用，大多干燥后使用，是传统的中药材。

墨西哥奥勒冈

Mexican Oregano（*Lippia graveolens Humb*.）

马鞭草科防臭木属 *Lippia* 的灌木芳香植物，植株高度可到3米以上，叶片和蔓性马缨丹相似，叶片呈心形、叶缘锯齿状、花朵四五朵聚集生长在茎节上，花色为白色。叶片干燥后可制作花茶饮料，因应用范围跟奥勒冈叶类似而得名。

巴西马鞭草

Brazilian Verbena（*Verbena bonariensis*）

俗称“柳叶马鞭草”，植株高度90～180厘米，叶子对生、长7～13厘米、长矛状，茎部粗糙、方形，花为顶生聚伞花序，由多数小花聚集在一起形成，花期常在夏秋，花色为淡紫色。这种马鞭草因为开花时颜色漂亮、热闹壮观，大多为观赏性质，但它没有什么香气，没有食用价值，因此也不建议当成蒸馏植材。

柠檬马鞭草植株，注意叶片生长方式和形状是辨别该品种的方法

柠檬马鞭草在不同时节、不同生长阶段的精油含量与挥发性物质成分都会有变化。它在4～6月间生长的速度最快，6月中旬左右的柠檬马鞭草精油含量最高，到了7月，气温升高，含油率开始下降。

采收柠檬马鞭草的时间，可以选在接近中午的时段，因为中午12点左右是柠檬马鞭草一天中含油率最高的时间。从早上8点开始，其含油量逐渐上升，中午12点到达高峰，然后逐渐下降，傍晚6点的含油量则和早上差不多。

采收柠檬马鞭草时，比较高的植株可取上半部的位置（上部枝叶的精油含量高于下部枝叶，主要的精油存在于上部），直接从茎部将它剪断，尽量避开较粗或已经木质化的茎，然后再将叶片从茎部取下；同时，可以保留植株尖端10厘米左右的嫩枝条。比较矮的植株，可以剪取地面10厘米以上的茎叶，再将叶片取下，植株较嫩的枝条也可以保留一起进行蒸馏。

新鲜采收回来的柠檬马鞭草，闻起来香气饱满

如果刚好在柠檬马鞭草的花期进行采摘，保留尖端部分就包含了它的花序，花序是可以与叶子一起蒸馏的（蒸馏柠檬马鞭草的花所得的精油，主要成分均与叶子相同），不过有研究指出，当柠檬马鞭草进入花期，整体精油含量有明显下降的趋势，非必要应该避开花期采收（花期自晚春到初夏6~8月）。

柠檬马鞭草的茎部则去除不用，因为茎部含油量只有鲜叶含油量的三十分之一。如果是比较新的植株，可以单独采摘植株上半部的叶子。

干燥的柠檬马鞭草也可以作为蒸馏植材，干燥后蒸馏出来的精油，主要成分与新鲜的都相同，只是组分上有轻微变化，且萃取率会比新鲜的低。同时，干燥方式与保存时间也都会影响出油率，有许多必须考虑的要点，所以建议还是采用新鲜的柠檬马鞭草叶蒸馏为最佳选择。

叶子收取集中后，可以直接塞入蒸馏器中或用适当工具将它切成更小段或是切碎，越小的颗粒越有利于萃取效率与精油收率。

预处理时剔除挥发性成分含量低的茎部，只保留叶子

将柠檬马鞭草的叶子适当切碎或粉碎，可以增加蒸馏效率与萃取率

植材的料液比例＝1：（5～6）

柠檬马鞭草的精油萃取率大约为0.1%～0.7%，新鲜的叶片富含丰富的水分，所以不需要先浸泡，建议的料液比例为1：5即可。建议添加约5倍于植材重量的蒸馏水进行蒸馏。

干燥的柠檬马鞭草蒸馏前要先浸泡，浸泡时间2～4小时，添加的料液比例建议在1：6的范围内。

例

料：柠檬马鞭草叶200克

液：蒸馏水1000～1200毫升

蒸馏的时间＝120～150分钟

柠檬马鞭草的蒸馏时间，建议控制在2～2.5个小时。蒸馏时间在120分钟内这个区间，萃取得油率很平均地上升；蒸馏时间如果低于2小时，萃取得油率会比较低；而蒸馏超过2小时，则出油率不再有明显变化。所以，建议把蒸馏的时间做足2小时或是稍微延长到2.5小时。

蒸馏注意事项

a. 柠檬马鞭草精油相对密度为0.89～0.91，密度比水轻，可以选择轻型的油水分离器。

b. 柠檬马鞭草精油颜色为淡黄色，有很明显的柠檬香气。

c. 柠檬马鞭草精油的密度比水轻但是密度跟水很接近，精油会比较容易悬浮于纯露中，可以观察到纯露呈现比较混浊的状态，如果要分离精油层，静置时间要比较久。

柠檬马鞭草精油主要成分（水蒸气蒸馏法萃取）

成分	含量
橙花醛(顺式柠檬醛)/Neral	19.99%
香叶醛(反式柠檬醛)/Geranial	27.60%
柠檬烯/Limonene	8.85%
芳姜黄烯/Arcurcumene	5.87%
β-石竹烯/β-Caryophyllene	3.25%
别罗勒烯/Allo-Ocimene	4.53%
橙花醇/Nerol	2.04%
香叶醇(牻牛儿醇)/Geraniol	2.58%
桧烯/Sabinene	1.03%
双环大根香叶烯/Bicyclogermacrene	3.49%
乙酸香叶酯/Geranyl acetate	1.57%
姜烯/Zingiberene	2.97%

Sweet
Marjoram

2-16 甜马郁兰

学名 / *Origanum marjorana*
别名 / 甜马郁兰、甜牛至
采收季节 / 全年
植材来源 / 森农香草
萃取部位 / 全株（根部除外）

屏东森农园内的甜马郁兰植株

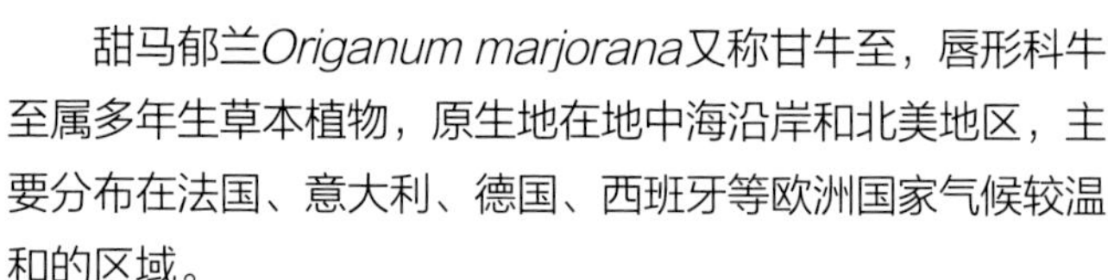

甜马郁兰*Origanum marjorana*又称甘牛至，唇形科牛至属多年生草本植物，原生地在地中海沿岸和北美地区，主要分布在法国、意大利、德国、西班牙等欧洲国家气候较温和的区域。

全株具有温和的特殊香味，带有柠檬（含松油烯）和紫丁香（含松油醇）的混合香气，植株高35~65厘米。甜马郁兰跟野马郁兰常因为都简称马郁兰而被混淆，野马郁兰就是牛至、奥勒冈，它的学名是*Origanum vulgare*，这两种马郁兰的精油与纯露，其香气与挥发性成分均不相同，取材前要分辨清楚到底是甜马郁兰还是野马郁兰。

如果要蒸馏的植材是野马郁兰，可以直接参考本篇甜马郁兰章节中的预处理方式及蒸馏条件，但是，所得产物的挥发性成分则有所不同，需自行搜寻。

小分享

马郁兰在料理的世界中都被当成香辛料，适合用来搭配各种肉类的料理，因为这些香辛料中含有酚类化学物质，如丁香酚、百里香酚，可以减少肉类食物中微生物的数量，同时增加肉类的色泽和香气，同样是香辛料的迷迭香也有相同的效果。

甜马郁兰精油纯露中，没有丁香酚及百里香酚这两个活性成分，所以如果在网络上阅读到含有百里香酚成分的马郁兰，就一定是野马郁兰。

甜马郁兰 植材预处理

甜马郁兰与同为唇形科的迷迭香相同，新鲜与干燥的植材皆可蒸馏，一般采用全株植物（根部除外）蒸馏。

采摘新鲜的甜马郁兰可以挑选晴天，剪取地面5~10厘米以上的茎叶。有文献记载，下午2~4点间所采收的甜马郁兰精油含量最高。新鲜采摘下来的甜马郁兰，必须在2~3天内完成蒸馏，无法在时限内蒸馏的话，必须先将植材干燥保存。干燥的方法可参考“土肉桂”章节的预处理介绍。

新鲜甜马郁兰的含油量为0.3%~0.5%，干燥后含油量比较高，为0.7%~3.5%。

甜马郁兰与许多唇形科香草植物一样，花季时植株顶端都会开出不同形状的花序，这些花序需要庞大的人力去采收，将其单独萃取与全株萃取所得的挥发性成分，两者间只有一些组分上的不同（可参考“迷迭香”相关章节），并无太大的差异，所以这类植材不会单独取下花朵与其他部位分开蒸馏。

在欧洲，对于甜马郁兰的花朵与全株植物，在采收蒸馏时有个特别的做法。每当甜马郁兰盛开，农场采收的时候，会采植株的顶端带有花序的嫩茎进行蒸馏；而当花季过后，则采收植株地面5~10厘米处以上的茎叶。顶端带有花序的蒸馏产物，含有较多花朵的香气，香气品质较佳，欧洲蒸馏厂会将它跟甜马郁兰茎叶所得的产物按照各厂自身的经验按比例混合，混合出香气品质较佳的甜马郁兰精油与纯露，也可以将花朵的产物跟茎叶的产物独立售卖。

1. 新鲜甜马郁兰茎叶

采摘后的甜马郁兰茎叶，以清水洗去植株上的灰尘、泥土，然后将植株的茎与细小的枝，剪成大约1.0~2.0厘米的小段即可。叶片部分含水量多，也很柔软，所以不需要再剪成更小的颗粒。

2. 干燥甜马郁兰茎叶

干燥后的甜马郁兰，叶子的部分很容易从枝条上剥落，我们可以先将干燥的叶片剥下后，再把剩下的茎与细枝都剪成约1.0厘米或是更短（0.3~0.5厘米）的小段。无论是全株或茎叶，预处理时颗粒越小，越有利于蒸馏的效率与收率。

剪成小段状的干燥甜马郁兰，先加入蒸馏水覆盖浸泡，浸泡两小时。浸泡完毕后，如果蒸馏器是采用水蒸气蒸馏式，将浸湿的马郁兰筛出置于蒸馏器上部，浸泡用的蒸馏水，直接作为水蒸气的来源。如果采用的是共水蒸馏式的蒸馏器，直接将浸泡的马郁兰与浸泡用的蒸馏水移入蒸馏器即可。

采收回来的新鲜马郁兰

预处理中的马郁兰

简单将马郁兰茎叶剪成小段状即可

植材的料液比例 =1：（8~10）

新鲜的甜马郁兰，植材的精油含量比干燥后的低，也不需要先行浸泡，所以建议添加约植材重量8倍的蒸馏水进行蒸馏。

干燥的甜马郁兰在浸泡时，液面必须完全覆盖植材，会需要添加较多的水，所以在料液比例上，要选择较高的比例。另外，植材预处理后的颗粒大小，可能也会影响水分添加的量。没有剪碎或颗粒较大的植材，需要添加更多的水分才能完全覆盖，所以在计算料液比例的时候，适当调整植材预处理的颗粒大小，尽量不要超过最大的比例（1：10）。

干燥的全株甜马郁兰，文献记载的最佳料液比例为1：10。新鲜的马郁兰由于植材仍保有水分，精油含量也比较低，所以会建议用比较小的料液比例。

例

料：马郁兰200克

液：蒸馏水1600~2000毫升

预处理完毕的马郁兰，塞入蒸馏器中准备蒸馏

蒸馏的时间＝180～240分钟

蒸馏时间建议控制在180～240分钟。文献记载的最佳蒸馏时间是6小时，如果个人时间条件允许，也可以将蒸馏的时间拉长到6小时。在4～6小时，精油的萃取量比前4小时来得少，所以建议把时间控制在4小时左右即可。

蒸馏注意事项

a. 新鲜与干燥的甜马郁兰精油，密度都比水轻，可以选择轻型的油水分离器。
b. 收集到的甜马郁兰精油为淡黄色，干燥的精油颜色会比新鲜的深。
c. 甜马郁兰精油的含量不低，纯露应呈现混浊状，精油可以明显被观察到。
d. 收集的纯露具有强烈的香料辛香、木质香气。
e. 干燥的甜马郁兰可以运用微波辅助增加精油的萃取收率。

甜马郁兰精油主要成分（水蒸气蒸馏法萃取）

成分	含量
4-萜烯醇/4-Terpineol	25.13%
桧烯/Sabinene	5.06%
4-侧柏醇/4-Thujanol	16.93%
α-松油醇/α-Terpineol	4.31%
γ-松油烯/γ-Terpinene	10.36%
乙酸芳樟酯/Linalyl acetate	2.45%
4-蒈烯/4-Carene	6.5%
β-石竹烯/β-Caryophyllene	3.17%
伪柠檬烯/Pseudolimonene	2.92%
萜品油烯（异松油烯）/Terpinolene	2.76%

Lemon
Balm

2-17

柠檬香蜂草

学名 / *Melissa offcinalis*
别名 / 香蜂草、蜜蜂花
采收季节 / 全年
植材来源 / 森农香草
萃取部位 / 茎、叶

种植在自家院子的香蜂草，非常容易照顾，总是比旁边的薄荷长得快又长得好

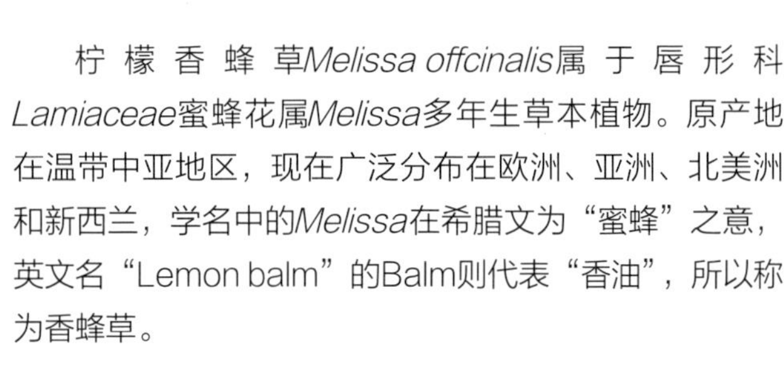

柠檬香蜂草*Melissa offcinalis*属于唇形科*Lamiaceae*蜜蜂花属*Melissa*多年生草本植物。原产地在温带中亚地区，现在广泛分布在欧洲、亚洲、北美洲和新西兰，学名中的*Melissa*在希腊文为“蜜蜂”之意，英文名“Lemon balm”的Balm则代表“香油”，所以称为香蜂草。

植株高度在30～80厘米，地上部分的茎呈正方形，为唇形科植物的特征之一，叶片的形状像草莓，叶片周围为锯齿状，视生长的情况而定，叶片可以长到大约宽10厘米、长3～8厘米。

在欧美地区，香蜂草在7～10月间开花，花色为白色、淡黄色，植株在冬天会枯萎，但根部为多年生，所以春天来临时，植株又会开始生长出新的叶子。台湾的冬天不似欧美地区那么寒冷，香蜂草在台湾一年四季均能保持常绿。

小分享

院子里种植了3盆香蜂草，作为平时蒸馏取材用，如果遇到比较大的蒸馏量，我才会选择向农场购买。这一次使用的是自家院子里修剪下来的香蜂草，香蜂草是很好照护的香草，耐热、耐旱性都不错，只要适当的光照和适度的修剪就能让它长得很好。

香蜂草含油量不高，因此它的精油价格不菲。香蜂草是一种温和的镇静剂、解痉剂和抗菌剂，是一种被广泛使用的传统草药，在民间传统疗法中常用来治疗神经紧张、头痛、腹胀，用来增进食欲、促进消化及治疗疱疹病毒引起的单纯病变。《药物大全》记载，具有“醒脑、养心、健胃和助消化之功效”。

在许多文献中，也显示香蜂草含有非常多有价值的活性成分，功效很多，其中对于抗焦虑的效果是强项，同时可使经期规律、舒缓经痛、放松身体，是一款经济实惠的药用植物。

香蜂草蒸馏出来的纯露香气清新，添加一些蜂蜜后直接饮用，香气口感都很棒，天然蜂蜜的添加也有助于消化，是一款值得推荐的健康饮品。

盆栽种植的柠檬香蜂草植株，高度大概可以到30厘米，地植的话可以到50～80厘米。当香蜂草主茎高度长到20～30厘米的时候，就可以采收。台湾的夏天太热时，会减缓香蜂草的光合作用与生长，要尽量避开酷热时节采收，春、秋两季采收较佳。

香蜂草在合适的生长环境下生长力旺盛，一般20～30天采收一次，采收下来的新鲜香蜂草可以直接蒸馏，或是少量多次采收后，先干燥保存再蒸馏。一天内任何时段均可进行采收。

采收柠檬香蜂草时，可以剪取植株顶端三分之一的位置，它的精油含量最高，高度越接近地面植株，精油含量越低。国外文献对采收的高度做过研究，蒸馏植株顶端三分之一处精油含量最高，为0.13%，在这个高度的叶中，精油含量为0.39%；植株二分之一至三分之一位置的精油含量是0.08%，此高度的叶中精油含量为0.17%；如果剪取全株柠檬香蜂草蒸馏，精油含量降到0.06%，全株的叶片精油含量则降至0.14%。所以我们采收时，最好是剪取植株顶端三分之一位置的柠檬香蜂草。

预处理的部分，我们就分为新鲜与干燥的柠檬香蜂草来说明。

1. 新鲜柠檬香蜂草

采摘后的全株香蜂草，以清水洗去植株上的灰尘、泥土，不需要分开茎与叶，直接将植材剪成小段。新鲜的植材含水量多，植株比较柔软，也不需要浸泡的工序，剪成合适的长度塞入蒸馏器即可。

香蜂草采收中，剪取上方三分之一位置处的植株最佳

新鲜的柠檬香蜂草采摘下来，如果不立即进行蒸馏，可以选择将它干燥后保存，干燥的方式以及干燥产物的注意事项，可以参考2-2“土肉桂”的预处理章节，其中有比较详细的介绍。

2. 干燥柠檬香蜂草

干燥香蜂草叶子很难单独取下，直接将茎叶剪成小段即可，较粗不带叶子的茎，虽然含油率较低，但是要单独剔除需要花费比较多的劳力，可以放进蒸馏器一起蒸馏。粉碎的原则，还是颗粒越小越有利于蒸馏收率与效率。

干燥剪成小段状的香蜂草，先加入蒸馏水覆盖浸泡，最佳的浸泡时间为2小时。如果蒸馏器是采用水蒸气蒸馏或水上蒸馏的方式，将吸饱水分的香蜂草筛出置于蒸馏器上部，浸泡用的蒸馏水可直接作为水蒸气的来源；如果采用共水蒸馏的蒸馏器，直接将浸泡的香蜂草与浸泡用的蒸馏水，移入蒸馏器即可。

干燥后的柠檬香蜂草，植材那股特殊香味会随着时间越长变得越淡，如果要使用干燥的香蜂草，贮藏期限越短越好。

新鲜采收的柠檬香蜂草

香蜂草可干燥后保存，照片中为了拍照采光所以放在阳光下，干燥过程应避开阳光采用阴干方式

干燥后的香蜂草，特殊香气仍在，多了一些干燥后植材特有的味道，感官评价不及新鲜的香蜂草

植材的料液比例=1：（6~8）

蒸馏新鲜的柠檬香蜂草，不需要先浸泡，建议添加约6倍植材重量的蒸馏水进行蒸馏。

干燥剪碎的柠檬香蜂草，要先浸泡后再蒸馏，浸泡时间建议在2~4小时，添加的料液比例在1：（6~8）。粉碎的颗粒越小，浸泡时要添加的水也会比较少，也有利于萃取收率的提升，最佳的料液比例是1：6，最多添加到1：8，尽量不要超过这个比例。

例

料：柠檬香蜂草200克

液：蒸馏水1200~1600毫升

预处理时可挑掉较粗的茎部与品相不良的叶片，只蒸馏含油量较高的香蜂草叶片

蒸馏的时间＝150～180分钟

蒸馏时间与香蜂草出油率的关系表现为蒸馏时间设定在60分钟时，精油萃取率为0.47%，90分钟时为0.52%，120分钟为0.67%，而精油萃取率到150分钟时到达最高0.88%，再把蒸馏时间延长到180分钟，精油萃取率只上升到0.89%。

所以，蒸馏柠檬香蜂草时，蒸馏的时间不宜控制得太短，最佳的蒸馏时间是150分钟左右，也可以稍微延长到180分钟。

注：以上实验数据所用的植材是干燥的柠檬香蜂草。

蒸馏注意事项

a. 新鲜与干燥的香蜂草精油，密度都比水轻，可以选择轻型的油水分离器。
b. 香蜂草精油含量不高，不易观察到精油层。
c. 干燥的香蜂草，预先浸泡后，可以运用微波辅助增加精油的萃取收率。

柠檬香蜂草精油主要成分（水蒸气蒸馏法萃取）

成分	含量
橙花醛（顺式柠檬醛）/Neral	18.42%
香叶醛（反式柠檬醛）/Geranial	36.22%
香叶醇/Geraniol	19.81%
香茅醛/Citronellal	2.11%
β-石竹烯/β-Caryophyllene	1.63%
石竹烯氧化物/Caryophyllene oxide	1.93%

2-18 迷迭香

学名 / *Rosmarinus offcinalis*
别名 / 海洋之露
采收季节 / 全年
植材来源 / 自家院子
萃取部位 / 茎、叶、全株（根部除外）

迷迭香为唇形科 *Lamiaceae* 迷迭香属 *Rosmarinus* 植物，常绿灌木，高度可达2米。原产地在地中海沿岸地区，广泛生长于法国、意大利、土耳其以及北非地中海沿岸的诸国。

迷迭香的香气特殊且浓郁，带有一点松木的香气，新鲜或干燥的迷迭香叶子一般被当成香料使用，是传统的地中海型料理常闻到的气味，也可以作为花草茶的原料。迷迭香的叶子、花和茎能萃取精油，迷迭香精油的活性成分中有多种抗氧化剂，具有抑菌、抗氧化、抗肿瘤、抗发炎等作用，在芳疗、医药、化妆品、食品工业都有很广泛的运用。

迷迭香叶特殊的针状叶片。天气越热时，迷迭香的精油成分越丰富

家里种植一盆迷迭香，蒸馏取材、烹饪两相宜

开花的迷迭香

小分享

家中院子里的迷迭香已经是棵老丛，平日对它不怎么花时间照顾，偶尔摘来泡泡茶、煎煎鸡腿，但自从迷上蒸馏后，就开始努力修剪养护、施肥浇水，只期待它能长得更茂密，让我蒸馏出来的纯露香气品质更为迷人。从此，这棵迷迭香在我心中的地位，可说是身价暴涨、不可同日而语。

迷迭香很容易种植而且耐旱，阳台也可以种得活，是新手种植可选的香草植物。迷迭香是功能性很多的植物，精油有着“记忆之神”的称号，在提升注意力与记忆力方面是非常好的选择。迷迭香的萃取得油率挺高的，精油大多数添加在洗发水、润发乳等护发相关产品。

而迷迭香纯露在使用上就更多元化了，油性肌肤可选择作为收敛毛孔的化妆水配方之一；纯露用于脂溢性皮炎也相当有效，直接喷洒在洗完头的湿发头皮上并稍微按摩一下，再将头发吹干即可；对于控制头皮出油、头发容易有异味等都能得到相当程度的改善。

我有时也会使用迷迭香纯露来擦拭家中的木质地板，因为家中成员有两个小孩，除了更需要保持地板的清洁外，也顾虑到化学清洁药剂可能对他们造成的不良影响，因此我在清洁地板时，会在最后一次擦拭时在清水中加入约500毫升的迷迭香纯露，除了有清洁杀菌的效力之外，也让整个房子弥漫着一股舒适的迷迭香气息。另外，我也会将迷迭香纯露应用在小孩身上，洗完澡后喷洒在他们的皮肤上，以抗菌除味。

迷迭香的采收全年都可以进行，而夏天、初秋两季最热的正午，是采收迷迭香的最佳时机，含有最多的活性成分。

据研究资料表示，气温越高，迷迭香所含的化学成分也会随之增多，蒸馏出来的精油、纯露中的化学成分也会增多。实验结果显示，4月、5月、6月采收生产的迷迭香精油中，化学成分分别有90、100、105种，以气温最高的6月所含的化学成分最多，所以夏天的气温越高，越适合采收迷迭香。

一天当中，中午12点到下午2点（一天内温度最高的时段）所采收的迷迭香检验出的化学成分有100种，下午4点后所采收的迷迭香，其中的化学成分则下降为96种。

蒸馏迷迭香精油、纯露的选择性很广，可以采用全株植物（根部除外），也可以只选用针状的叶片，新鲜采摘或干燥过后的迷迭香也都可以利用。

有文献针对蒸馏新鲜与干燥迷迭香叶所得的产物做GC-MS检测，结果是两者之间所检测出来的化合物有50%以上相同的部分，并且前五种主要成分（最主要的成分为桉叶油醇等五种）只有含量上轻微的差异。新鲜与干燥产物最主要的不同，只有在一些微量化合物的组分之间有变化。所以，新鲜与干燥的迷迭香蒸馏产物，除了香气有所不同以外，其他的活性与药性都是一样的。

迷迭香的花序与全株植材，蒸馏所得的花朵精油与茎叶精油，两者之间的主要成分基本上也是相同的，两种精油最大的差异是花朵精油的低沸点成分含量比茎叶精油低，而高沸点成分的含量比茎叶精油高。

基于以上分析结果，在蒸馏迷迭香精油与纯露时，并不会特别将花朵与茎叶分开蒸馏。一般唇形科带花序的香草植物都有这种特性，所以都不会将花朵与茎叶分开来蒸馏，而采用全株蒸馏。

预处理的部分，分为新鲜与干燥的迷迭香两部分说明。

1. 新鲜迷迭香

采摘后的全株迷迭香，以清水洗去植株上的灰尘、泥土，然后将它的茎剪成大约1厘米的小段，修剪时针状叶片很容易掉落，掉落的针叶可直接利用，也可以将迷迭香的叶片与茎分开，单独蒸馏迷迭香的叶片。

茎与叶的挥发性成分及香气都非常类似，只是茎部的含油量比较低，无论是取茎叶蒸馏或是单独蒸馏迷迭香的叶子，所得产物的香气及成分差异不大，可以自行决定取材。

1/迷迭香采收中，剪取上方三分之一位置处的植株最佳

2/七月天采收的迷迭香，针状叶片非常饱满，特征香气浓郁

3/自家院子里采收回来的迷迭香，预处理时用剪刀剪成约1厘米的小段

4/预处理时除了将茎叶直接剪成小段，也可以将迷迭香叶搓下来，单独蒸馏迷迭香叶

5/预处理完毕即可添加适量的蒸馏水，将迷迭香移入蒸馏器中，准备进行蒸馏

干燥迷迭香的方法之一，类似干燥花的作法，绑扎后倒挂于室内或阴凉处自然风干

新鲜的迷迭香采摘下来，如果不立即进行蒸馏，可以选择将它干燥后保存，最简单的干燥方式就是像制造干燥花一样，将迷迭香尾端用细绳绑成一串，倒挂在室内或阴凉的位置，让它慢慢自然干燥。如果要选择其他干燥方式以及了解干燥产物的注意事项，可以参考2-2“土肉桂”的预处理章节，其中有比较详细的介绍。

2. 干燥迷迭香

干燥后的迷迭香，如果是保有茎部的状况，一样将它剪成约1厘米或更短（0.3~0.5厘米）的小段；如果只有针状叶片的植材，也可再粉碎成更小的颗粒，无论是全株或茎叶，颗粒越小，越有利于蒸馏的收率与效率。

干燥剪成小段状的迷迭香，先加入蒸馏水覆盖浸泡，最佳的浸泡时间为3小时。如果蒸馏器是采用水蒸气蒸馏式，将浸湿的迷迭香筛出置于蒸馏器上部，浸泡用的蒸馏水可直接作为蒸汽的来源；如果采用共水蒸馏式的蒸馏器，直接将浸泡的迷迭香与浸泡用的蒸馏水移入蒸馏器即可。

植材的料液比例=1：（6~8）

新鲜的迷迭香，不需要先浸泡，植材的精油含量也不低，建议添加约6倍植材重量的蒸馏水进行蒸馏。

干燥迷迭香在浸泡时，液面必须完全覆盖植材，需要添加较多的水，在料液的比例上要选择较高的比例。另外，植材预处理后的颗粒大小，可能也会影响添加水分的量，没有剪碎或颗粒较大的植材，需要添加更多的水分才能完全覆盖。所以，在计算料液比例的时候，适当调整植材预处理的颗粒大小，尽量不要超过最大的比例（1：8）。

其他蒸馏条件均相同的情况下，料液比例在1：（6~8）的，精油萃取收率的差异都在小数点以下。料液比例1：8时萃取收率最高（约1.86%）。

例

料：迷迭香200克
液：蒸馏水1200~1600毫升

迷迭香纯露蒸馏准备中

蒸馏的时间＝120～150分钟

蒸馏时间最佳建议为120分钟。有文献实验表示，蒸馏时间在120分钟之前，蒸馏出的精油都跟蒸馏时间成正比关系，在90～120分钟所得到的精油量最大。当蒸馏时间延长至150分钟，精油的萃取收率只是微涨了0.012%。所以，建议的最佳蒸馏时间为2～2.5小时。

蒸馏注意事项

a. 新鲜与干燥的迷迭香精油，密度都比水轻，可以选择轻型的油水分离器。
b. 收集到的迷迭香精油为透明略带点黄色，干燥迷迭香精油的颜色会比新鲜的深。
c. 迷迭香精油的含量不低，应该可以在蒸馏产物中被明显观察到。
d. 干燥的迷迭香可以运用微波辅助增加精油的萃取收率。

迷迭香叶精油主要成分（水蒸气蒸馏法萃取）

成分	含量
α-蒎烯/α-Pinene	25.30%
β-蒎烯/β-Pinene	4.81%
莰烯/Camphene	10.24%
1,8-桉叶素/1,8-Cineole	28.08%
樟脑/Camphor	6.59%
龙脑/Bomeol	1.65%
α-松油醇/α-Terpineol	1.06%
马鞭草烯酮/Verbenone	1.14%
γ-松油烯/γ-Terpinene	2.19%
α-松油烯/α-Terpinene	3.24%
β-月桂烯/β-Myrcene	3.56%
α-水芹烯/α-Phellandrene	4.27%

迷迭香花精油主要成分（水蒸气蒸馏法萃取）

成分	含量
α-蒎烯/α-Pinene	17.58%
β-蒎烯/β-Pinene	1.13%
莰烯/Camphene	13.19%
1,8-桉叶素/1,8-Cineole	27.65%
樟脑/Camphor	11.97%
龙脑/Bomeol	8.46%
α-松油醇/α-Terpineol	1.24%
马鞭草烯酮/Verbenone	1.70%
γ-松油烯/γ-Terpinene	0.64%
α-松油烯/α-Terpinene	3.70%
β-月桂烯/β-Myrcene	1.02%
α-水芹烯/α-Phellandrene	2.03%

Rose
Geranium

2-19 香叶天竺葵

学名 / *Pelargonium graveolens*

别名 / 玫瑰天竺葵

采收季节 / 全年（气温 22 ～ 30 摄氏度最佳）

植材来源 / 森农香草

萃取部位 / 茎、叶

香叶天竺葵 *Pelargonium graveolens* 属于牻牛儿苗科 *Geraniaceae* 天竺葵属 *Pelargonium* 多年生亚灌木植物，原产地在非洲南部，主要产区为摩洛哥、法国、埃及、中国云南等地。

植株高度平均50～80厘米，茎上布满腺毛，基部的茎会木质化，茎、叶有明显的香气，可以提取精油、纯露。香叶天竺葵喜欢温暖的气候，最合适的温度是22～30摄氏度，气温如果高于40摄氏度，生长就会减缓。生长期间需要大量的日照，日照对于香叶天竺葵的生长发育和精油的含量有着至关重要的影响，日照时间越多，精油含量会有显著增加。台湾中南部地区的日照充足、气温合宜，非常适合香叶天竺葵的栽种。

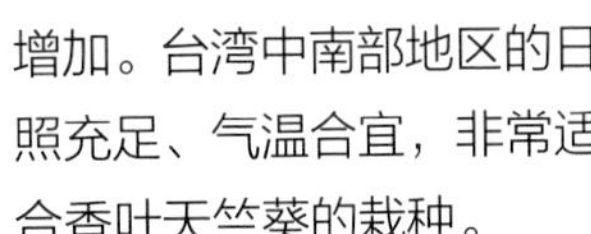

香叶天竺葵精油是全球香精、香料工业中重要的产品之一，香气甜蜜浓郁并且持久稳定，常用于玫瑰花、风信子、紫丁香、晚香玉类的香水香精之中，经济价值非常高。

2021年3月，造访宜兰大面积种植香叶天竺葵的香草农场

探访宜兰农场时刚好遇上香叶天竺葵的花期，粉紫色的花序迷人可爱

香叶天竺葵的花苞，茎上的腺毛也清晰可见

小分享

香叶天竺葵是一种经济实用的香草植物，同时它的生命力极强，特殊浓郁的香气也让它很少有虫害发生，是一种连不善种植的人都能成功扦插、繁殖的植物，家中阳台如果能提供足够日照，可以尝试种植香叶天竺葵，它的特殊气味对于防蚊也有效果。

我蒸馏香叶天竺葵的植材来源，原本是由屏东的森农园艺所提供，后来于2021年3月，经友人介绍，发现在宜兰有大量种植天竺葵的同好，得知宝贵信息后，立刻前往探访这座位于宜兰三星乡的香草农园。

农园大量种植香叶天竺葵，采用自然放养，完全不喷洒农药，是蒸馏制作纯露、精油非常棒的植材种植方式。最重要的是它位于北部地区，让住在台北的我取用植材更加便利，也减少了物流运输对植材的损耗。

香叶天竺葵香气与玫瑰花十分相像，但售价远低于玫瑰花，因此在香氛市场中会有将香叶天竺葵精油混充玫瑰花精油售卖的情况。香叶天竺葵的得油率高，自己蒸馏制作十分经济实惠，纯露迷人的香气也会让自己沉浸在满满的成就感中。

香叶天竺葵

植材预处理

香叶天竺葵纯露是我个人最爱用的纯露之一，会大量使用在家中及工作室的环境香氛中，也用于每日脸部皮肤的补水。尤其在夏天的冷气房里，我会不时喷洒天竺葵纯露在皮肤上来避免皮肤过于干燥。天竺葵的香气也是男性比较能接受的香气之一，非常推荐给男士刮胡后喷洒作为收敛水使用，香叶天竺葵的香气对于男性来说不会太似女人香，一般来说，男性对于香叶天竺葵气味的感受与评价都是不错的。

香叶天竺葵的精油、纯露中所含的挥发性成分非常特别，囊括非常多在花朵类精油、纯露中才会发现的成分。例如它与珍贵的玫瑰精油、纯露拥有大量相同的挥发性成分，又拥有许多香草类植物特殊的挥发性成分（如薄荷中的挥发性成分也能在香叶天竺葵中发现），读者对比一下章节最后的“精油纯露的主要成分表”就可以发现这个现象。所以，香叶天竺葵真的是一个非常特别的植材，十分推荐用来蒸馏精油与纯露。

香叶天竺葵最适合采收的季节是什么时候呢？香叶天竺葵精油含量的多少、挥发性物质是否饱满，跟环境气温变化有着密切的关系。

有文献对于香叶天竺葵在1～12月的含油率做过实验，发现气温最低的1月精油含量最低（0.026%），12月次低（0.0351%），而2、3、4、5月的精油含量随着气温升高也逐渐升高，6月到达高峰（0.20%），7月及8月又会稍微降低一些（0.152%），9月又些微回升（0.20%），10月开始含油量（0.175%）又开始逐渐下降。

阅读这些数字，可以明显看出气温对香叶天竺葵精油含量的影响真的很大。最低的1月含油率几乎只有6月含油率的八分之一。所以“什么时候进行采摘”是很关键的。

经过查询、对比文献中植材种植城市的月平均温度，发现该城市香叶天竺葵含油率最低的冬季月均温都在10摄氏度以下，6月、9月含油量最高的月均温为27.8摄氏度及27.9摄氏度，而7、8月温度则会上升到33摄氏度，造成含油量稍微下降。

依据以上气温对于含油量影响的实验，发现香叶天竺葵在最适合它的温度（22~30摄氏度）生长时含油量比较理想。冬季的低温以及盛夏的高温都会让含油率降低，读者们可以观察采摘植材当地的天气温度，在最适合的温度区间采收，就可以获得含油量较佳的香叶天竺葵。

香叶天竺葵精油蕴含于整株植物，采收的时间对于得油率没有明显的影响，一天当中随时都可以采收。采收时，可保留植株下方适当长度或已木质化的枝条，让它可以继续生长；剪下来的香叶天竺葵，要把茎部剪成适当长度的小段（3~4厘米），茎部修剪后的颗粒大小对于得油率的影响比较大，而叶子是否修剪对精油的出油率则影响不大，所以叶子可以直接使用，不需要修剪成小片状。

新鲜采收的香叶天竺葵直接蒸馏最佳，如果必须先保存，可以装袋封口后置于阴凉处或冷藏皆可。有文献表示，保存时间在20天内的香叶天竺葵，其含油量没有什么差别，精油成分中醇类含量稍微下降，酯类含量则稍微上升。

2020/03/29，采收于自家院子的新鲜香叶天竺葵

植材的料液比例＝1：（6~8）

新鲜香叶天竺葵的茎与叶本身所含的水分就很充足，预处理阶段不需要先行浸泡，植材的挥发性成分含量也不低，建议添加约6~8倍植材重量的蒸馏水进行蒸馏。

料：香叶天竺葵200克
液：蒸馏水1200~1600毫升

蒸馏的时间＝120~180分钟

香叶天竺葵蒸馏过程中，前2小时的精油萃取量最为明显，2小时以后就没有明显增加，但是香叶天竺葵精油与纯露的挥发性成分中，酯类这些热敏性的组分含量很高，比较容易受到高温破坏，建议可以降低加热的火力，放慢蒸馏的速度，把蒸馏时间增长到3小时，以取得品质较佳的精油与纯露。

蒸馏注意事项

a. 新鲜香叶天竺葵精油，密度约为0.88克/立方厘米，可以选择轻型的油水分离器。
b. 植材的量不大时，只能观察到混浊状的纯露，精油层可能不明显。
c. 香叶天竺葵精油萃取的得油率平均约在0.13%。
d. 香叶天竺葵精油颜色为澄清的淡黄色，略带有玫瑰的香气。

香叶天竺葵蒸馏准备中

香叶天竺葵精油主要成分（水蒸气蒸馏法萃取）

成分	含量
芳樟醇/Linalool	4.80%
α-蒎烯/α-Pinene	0.81%
异薄荷酮/Isomenthone	7.35%
香茅醇/Citronellol	30.71%
香叶醇(牻牛儿醇)/Geraniol	8.31%
柠檬烯/Limonene	0.44%
橙花醛(顺式柠檬醛)/Neral	0.55%
香叶醛 (反式柠檬醛)/Geranial	0.08%
甲酸香茅酯/Citronellyl formate	9.60%
甲酸香叶酯/Geranyl formate	1.81%
乙酸香茅酯/Citronellyl acetate	0.29%
乙酸橙花酯/Neryl acetate	0.19%
β-石竹烯/β-Caryophyllene	1.22%
丙酸香叶酯/Geranyl propionate	1.33%
δ-杜松烯/δ-Cadinene	1.81%
β-古香油烯/β-Gurjunene	5.33%
大根香叶烯/Germacrene	1.10%
顺式玫瑰醚/*cis*-Rose oxide	0.71%
顺式芳樟醇氧化物-呋喃型/*cis*-Linalool oxide, furanoid	0.53%
苯乙醇/Phenethyl alcohol	0.05%
薄荷酮/Menthone	0.33%
丁酸香叶酯/Geranyl butyrate	1.09%
α-松油醇/α-Terpineol	0.46%

香叶天竺葵纯露主要成分（水蒸气蒸馏法萃取）

成分	含量
芳樟醇/Linalool	18.98%
α-蒎烯/α-Pinene	0.14%
异薄荷酮/Isomenthone	6.72%
香茅醇/Citronellol	37.02%
香叶醇(牻牛儿醇)/Geraniol	14.21%
柠檬烯/Limonene	0.24%
橙花醛(顺式柠檬醛)/Neral	0.98%
香叶醛(反式柠檬醛)/Geranial	0.69%
甲酸香茅酯/Citronellyl formate	0.74%
甲酸香叶酯/Geranyl formate	0.35%
乙酸橙花酯/Neryl acetate	0.15%
顺式玫瑰醚/*cis*-Rose oxide	0.75%
顺式芳樟醇氧化物-呋喃型/*cis*-Linalool oxide, furanoid	2.48%
苯乙醇/Phenethyl alcohol	0.65%
薄荷酮/Menthone	1.78%
丁酸香叶酯/Geranyl butyrate	0.04%
α-松油醇/α-Terpineol	5.37%

2-20 柠檬草

学名 / *Cymbopogon citrate*
别名 / 柠檬香茅、香茅草、西印度香茅
采收季节 / 全年（6 ~ 9 月最佳）
植材来源 / 新北市新店区果园
萃取部位 / 全株（根部除外）

柠檬草为禾本科 *Poaceae* 香茅属 *Cymbopogon* 植物，又称柠檬香茅，全株皆可运用，叶片和茎有柠檬香气，在东南亚国家被当成汤品、鱼肉类料理的调味品；干燥的叶片粉碎成小颗粒后也可制成香料或搭配制成花草茶。

香茅属植物在全世界大概有60个品种，分布于东半球的热带与亚热带，同属不同品种的香茅，精油中的挥发性成分也不相同，含有柠檬醛的品种可作为调制食品、制皂、化妆品的香精；主要成分为香茅醛的品种，可用来调配花香香精；主要成分为香叶醇的品种，可广泛运用于化妆品。

香茅属植物品种多，香气外形也类似，列举四种除了柠檬香茅外常见的品种。

1. 香茅草 Nardus Lemongrass
   学名：*Cymbopogon nardus*，别名：亚香茅、香水茅。
2. 爪哇香茅 Citronella Java Type
   学名：*Cymbopogon winterianus*
3. 蜿蜒香茅 East Indian Lemongrass
   学名：*Cymbopogon flexuosus*，别名：东印度香茅、枫茅。
4. 马丁香茅 Gingergrass
   学名：*Cymbopogon Martinii*，别名：玫瑰草、姜草、红杆草。

柠檬香茅、柠檬草，学名：*Cymbopogon citrate*

小分享

我们常见的香茅中，最容易混淆的就是柠檬香茅*Cymbopogon citrate*与香茅*Cymbopogon nardus*这两种。这两者所蒸馏出来的精油与纯露，主要的挥发性成分也不同，柠檬香茅精油主要成分是柠檬醛，含有少量的香叶醇，而香茅精油中的主要成分是香叶醇，并没有柠檬醛。

这两者同为香茅属却是不同品种的香茅，精油的挥发性成分有很大的差异，我们在蒸馏前的植材选择和运用上要分辨清楚。香茅各个品种之间，有些光看外形还真的难以分辨，各品种的特殊气味反而是比较好的分辨方式。

有研究资料证实，柠檬草纯露对于预防及治疗足癣及真菌类感染有非常明显的效果，同时，去除异味也是柠檬草纯露的强项。这几个项目都是在生活中很常遇到也很有价值的应用。

马丁香茅/玫瑰草/姜草/红杆草，学名：*Cymbopogon Martinii*，拍摄于宜兰农场

柠檬草 植材预处理

夏天及秋天两季是最适合采收柠檬香茅的季节，冬天由于环境温度太低，精油的含量比较低，随着气温渐渐上升，柠檬香茅精油的含量渐渐上升，6～9月间所采收的柠檬香茅挥发性物质的含量最高。采收的时间则对精油的萃取收率没有明显影响，上午、下午均可，但是最好挑选在前三天都没有下雨的日子进行采收。

采收柠檬香茅时，直接剪取地面上的全株植物，然后将整株植材都剪成3～5厘米的小段即可。新鲜的柠檬香茅也可以先干燥保存再蒸馏，干燥保存的方式一般采用阴干。

将新鲜柠檬香茅置于常温阴干，大概在30天内，含水量就可以从80%降到20%左右，干燥保存的时间在20～30天间的柠檬香茅萃取得油率最高，约为新鲜柠檬香茅得油率的3倍，精油的品质也比较好。

干燥后的柠檬香茅，蒸馏前也是一样剪成3～5厘米的小段，先浸泡2小时以上，让干燥的植材先吸饱水分，以利于蒸馏效率及得油率。

干燥柠檬香茅的出油率与干燥的方法也有密切的关系，有文献研究指出，机器烘干温度在50摄氏度时，出油率最高（1.30%），随着烘干温度上升，出油率开始下降。阳光下曝晒干燥的出油率为0.60%，阴干的柠檬香茅出油率为0.90%。由于机器烘干需要使用大量能源，并不符合经济效益，所以建议采用阴干方法，以阳光曝晒会降低干燥柠檬香茅的出油率。

剪取新鲜柠檬香茅，6～9月间所采收的柠檬香茅挥发性物质的含量最高

预处理阶段，先将柠檬香茅剪成3～5厘米的小段

将新鲜的柠檬香茅全部剪成小段状

新鲜的柠檬香茅预处理完成后可直接装载进蒸馏器中蒸馏，干燥的柠檬香茅则要先进行2小时以上的浸泡

植材的料液比例＝1：（8～10）

剪成小段状的新鲜柠檬香茅，不需要浸泡，建议使用1：8的料液比例去蒸馏。干燥的柠檬香茅在浸泡时，液面必须完全覆盖过剪成小段状的植材，需要添加较多的水，所以在料液的比例上，采用1：10去蒸馏。

例 **料：柠檬香茅200克**
液：蒸馏水1600～2000毫升

蒸馏的时间＝120～180分钟

蒸馏柠檬香茅的过程中，随着蒸馏时间不断增加，柠檬香茅精油的萃取量也不断增加，在蒸馏时间180分钟时可到达高点；超过180分钟后，精油的得油量就没有明显增加，所以建议的蒸馏时间可以控制在3小时以内。

蒸馏注意事项

a. 柠檬香茅精油密度比水轻，可以选择轻型的油水分离器。
b. 柠檬香茅精油与纯露的混溶状态不太明显，纯露比较清澈透明。
c. 柠檬香茅精油颜色是浅黄色，透明澄清，带有柠檬的香气，香气清新浓郁。
d. 添加氯化钠增加萃取收率的最佳浓度为10%。

柠檬香茅精油主要成分（水蒸气蒸馏法萃取）

成分	含量	成分	含量
香叶醛（反式柠檬醛）/Geranial	45.21%	β-香茅醇/β-Citronellol	0.36%
橙花醛（顺式柠檬醛）/Neral	30.46%	金合欢醛/Farnesal	0.49%
β-蒎烯/β-Pinene	10.52%	β-罗勒烯/β-Ocimene	0.75%
香叶醇/Geraniol	2.78%	β-橙花醇/β-Nerol	0.24%

2-21 柑橘属

柠檬 *Citrus limon* Burm. f.
柚子 *Citrus maxima* (Burm.) Merr.
橘子 *Citrus reticulata* Blanco.
柳橙 *Citrus sinensis* Osbeck var. liucheng Hort.
采收季节 / 全年或各品种盛产季节
植材来源 / 市场
萃取部位 / 果皮

柑橘是芸香科 *Rutaceae* 柑橘属*Citrus*植物的总称，是台湾分布最广、产量最高、产值最大的果树。台湾栽培的柑橘种类极多，包括椪柑、桶柑、柳橙、麻豆文旦、白柚、柠檬、海梨柑、葡萄柚、金柑、茂谷柑、来檬、脐橙等。

由于种类繁多，几乎整年皆有柑橘类生产。如柠檬、来檬全年皆有生产，麻豆文旦在每年中秋节前开始采收，椪柑从10月开始上市，柳橙从12月可以开始采收，而桶柑、茂谷柑则在每年2月上市。柑橘类产区也几乎囊括整个台湾。

上述种类的柑橘，都可以作为蒸馏精油与纯露的植材。柑橘类植物的挥发性成分，广泛分布在果实、叶片及花朵中，其中，柑橘果皮是萃取精油与纯露的主要部位，新鲜的柑橘果皮含有大约2%～3%的精油；另外，花朵、叶片也都可以蒸馏（如橙花、白柚花）。

中秋节应景的水果麻豆文旦柚，也是芸香科柑橘属的植物，果皮也含丰富的精油。照片拍摄于台南观自在柚园

柑橘属植物：甜橙

屏东果园所种植的“桔”，同样也是芸香科柑橘属植物

柑橘属植物：柠檬

小分享

我们常阅读到柑橘类精油的萃取方式，大多是使用压榨法来取得，利用物理性穿刺、挤压，使油胞破裂而释放出精油，但是其实压榨法这个萃取方式，生产时需要有强大压榨能力的机台，比较适合大型工业化生产；而且，用压榨法萃取精油，往往萃取得不够彻底，于是在以压榨法生产精油的流程中，也逐渐变成先压榨，然后将压榨后的皮渣，再进行一次水蒸气蒸馏，如此才能萃取到最大量的精油成分。

对于DIY自制精油的读者而言，家里很少会有合适的压榨设备可以使用，蒸馏法反而是比较简单实用的方式，可以一次性取得完整的精油并取得压榨法所无法取得的柑橘纯露。

柑橘果皮取得容易，精油含量很高，在蒸馏阶段很容易观察到油水分离的状况，并且收集该精油非常适合初学蒸馏的新手操作。

柑橘精油、纯露蒸馏的预处理，有果皮取材的部位、果皮颗粒的大小和微波辅助三个重点。

1. 果皮取材的部位：外果皮

柑橘果皮分为外果皮和中果皮两层，精油只存在于外果皮（油胞层），中果皮是一层白色海绵状的细胞组织，含有糖苷、纤维素、果胶等成分，这层海绵组织细胞间的间隙很大、充满空气，若是一起放入蒸馏，会膨胀并产生大量泡沫，同时也会吸附精油，所以预处理时，要将对于蒸馏没有利用价值的中果皮层去除。

先用清水洗净果实外皮，接着可以使用厨房用的刨刀，刨下外果皮备用。

2. 果皮颗粒的大小：8～10毫米

刨下来的果皮，用剪刀剪成8～10毫米边长的颗粒。

曾有把柠檬皮的颗粒剪成2毫米、4毫米、6毫米、8毫米、10毫米、12毫米、14毫米比较萃取收率的实验，发现柠檬精油在8～10毫米时所得到的收率最高，在0.25%左右。

购自超市的柠檬，果肉制成柠檬果汁，果皮则制成柠檬精油与纯露，完美利用

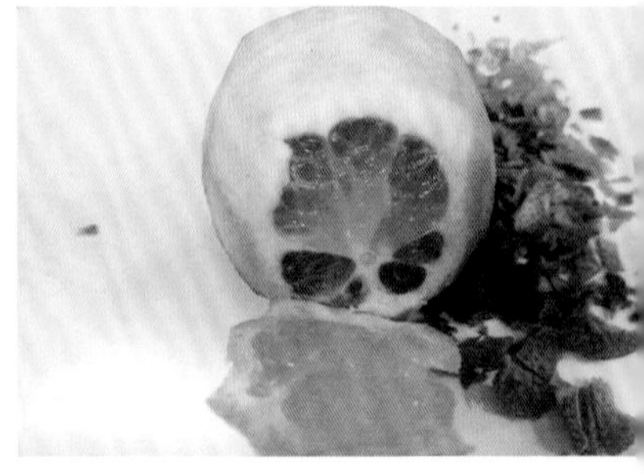

蒸馏柠檬精油与纯露，使用的是柠檬的果皮

颗粒若剪得过小，在蒸馏的阶段，这些小颗粒容易粘黏在一起，造成水蒸气无法有效接触每一个植材表面，导致萃取收率下降；颗粒过大，容易导致萃取不彻底，也会造成萃取收率下降。另外，修剪颗粒时也要注意，越多的修剪次数，在修剪时损失的精油就越多，越少的修剪次数，所得的精油萃取收率会越高。

3. 微波辅助：功率300瓦、时间3分钟

切成8～10毫米的柑橘果皮，放置在可微波的容器中，加蒸馏水将果皮浸泡，然后放到微波炉中，功率调整到300瓦，时间设定为3分钟，进行微波辅助的操作。微波的能量会直接穿透蒸馏水，辐射到柑橘果皮的细胞组织中，细胞内会急速升温膨胀，导致细胞壁破裂，细胞内所含的精油成分则会释放出来。

蒸馏工艺课程中柠檬蒸馏的预处理

文献实验结果也表示，并不是功率越大、时间越久就可以获得更高的精油萃取收率，固定在功率300瓦，微波时间1～3分钟时，萃取收率是随着时间而上升的，而微波时间在3～5分钟这个阶段，萃取收率则随着时间增加而不断降低，原因可能是微波的时间过久，温度升高太多，造成部分精油挥发。

家中的微波炉如果功率没有300瓦这个选项，可以把功率300瓦和时间3分钟，按照以下比例调整使用的功率与时间——使用功率500瓦，微波时间就是300瓦×180秒/500瓦＝108秒。

将柠檬皮削下来，注意皮上白色海绵状的细胞组织要尽量剔除

削下来的柠檬皮，将它切成小块，越小越有利于精油的萃取

植材的料液比例＝1：（8～10）

预处理完成后的植材，将其移至蒸馏器中，建议添加的料液比例为1：（8～10）。柑橘类果皮精油的含量较多，同时精油所储存的位置相较于花瓣精油多储存于表皮细胞，其储存的位置更深层一些，需要较多的蒸汽量才能将精油萃取完全，所以添加蒸馏水的建议量也就比蒸馏花朵类多。

例

料：柠檬果皮200克

液：蒸馏水1600～2000毫升

蒸馏的时间＝180～240分钟

蒸馏时间建议为3～4小时。当除时间以外的蒸馏条件都相同时，精油的获得量在蒸馏前3.5小时内都随时间增加而增加，在4小时以后，精油的获取量到达最高峰，但蒸馏时间若拉长到4小时以上，柑橘精油的获取量就没有明显的增加。所以，建议的蒸馏时间控制在4小时以内为宜。

蒸馏注意事项

a. 柑橘果皮精油的密度约在0.85克/立方厘米，密度比水轻，可以选择轻型油水分离器。

b. 柑橘类精油的含量较多，可以明显观察、收集到精油层，如果没有使用油水分离器或分液漏斗，建议使用长颈瓶作为接收容器，以利于后续精油与纯露分离的操作。

c. 柑橘精油的颜色多为无色到淡黄色之间，干燥果皮蒸馏所得的精油，颜色会比较深。

d. 可以运用微波辅助增加精油的萃取收率。

蒸馏完成的柠檬纯露

柠檬果皮精油主要成分（水蒸气蒸馏法萃取）

成分	含量
α-蒎烯/α-Pinene	3.73%
dl-柠檬烯/*dl*- Limonene	42.93%
γ-松油烯/γ-Terpinene	8.41%
L- 芳樟醇/L- Linalool	1.14%
α-松油醇/α-Terpineol	6.39%
橙花醇/Nerol	1.72%
Z- 柠檬醛/*Z*- Citral	5.50%
E- 柠檬醛/*E*- Citral	6.09%
乙酸橙花酯/Nerylacetate	2.02%
α- 红没药烯/α- Bisabolene	3.04%

橘子 / 椪柑果皮精油主要成分（水蒸气蒸馏法萃取）

成分	含量
d-柠檬烯/*d*-Limonene	60.4%
月桂酸/Lauric acid	3.34%
β-月桂烯/β-Myrcene	0.87%
对伞花烃/*p*-Cymene	0.88%
乙酸香茅酯/Citronellyl acetate	0.48%
香柠檬烯(佛手柑油烯)/Bergamotene	3.09%

柚子果皮精油主要成分（水蒸气蒸馏法萃取）

成分	含量
d-柠檬烯/*d*-Limonene	65.61%
β-月桂烯/β-Myrcene	27.80%
圆柚酮/Nootkatone	1.30%
大根香叶烯D/Germacrene D	0.68%
橙花醇/Nerol	0.17%
β-蒎烯/β-Pinene	0.26%

甜橙 / 柳丁果皮精油主要成分（水蒸气蒸馏法萃取）

成分	含量
d-柠檬烯/*d*-Limonene	37.77%
β-芳樟醇/β-Linalool	2.19%
β-月桂烯/β-Myrcene	2.78%
正癸醛/Decanal	0.64%
α-蒎烯/α-Pinene	0.41%
α-松油醇/α-Terpineol	0.30%
桧烯/Sabinene	0.27%

2-22
姜

学名 / *Zingiber officinale,* Roscoe.
采收季节 / 鲜姜每年8～11月，老姜全年均可取得
植材来源 / 传统市场、超市
萃取部位 / 根茎

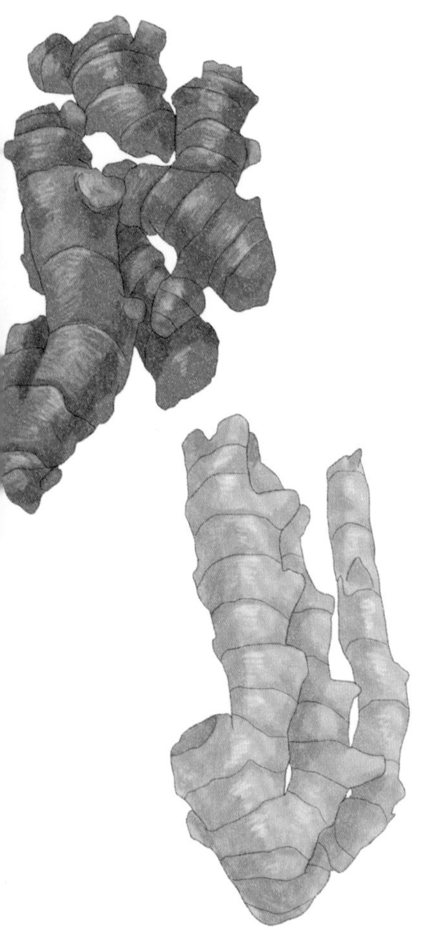

姜属于姜科 *Zingiberaceae* 姜属*Zingiber*，多年生宿根性单子叶植物，原产地在南亚，主要食用的部位为根茎，属于药食两用的传统经济作物。

姜属于亚热带型植物，25～32摄氏度的气温最适合姜的生长，冬天由于气温较低，姜的地下根茎会进入休眠的状态，直到来年春天气温回升后才会继续萌芽。

台湾栽种的品种主要是广东姜，俗称“大指姜”，此品种姜型肥大，新芽呈现淡红色，肉为淡黄色，纤维比较少，辛辣强度中等。其次的品种是竹姜，俗称“小指姜”，植株的高度比广东姜高，根茎较长且多，新芽为红色，肉为淡红色，纤维比较多，辛辣强度也比较强。

姜除了食用价值以外，姜精油也具有一定的生理活性，如抑菌、抗氧化、解热镇痛等，也有针对姜精油可以抑制肿瘤的相关研究。除了活性成分的应用外，姜精油的芳香气味接受度也很高，被广泛应用于香水香精产业，食品、饮料、制酒产业也将姜精油当成一种天然的调味剂与天然食品香料。

台湾南投县名间乡的农产品，除了茶叶相当有名以外，生产的姜产量也是全国最高，品质也非常好，其中所含的活性成分含量高，除了内销以外，更将台湾产的姜外销到日本、美国。因此读者若要寻找品质好的姜，南投县名间乡是很好的选择。

完整的姜，我们所使用的部分为地下根茎

小分享

姜在我们生活中的应用方式琳琅满目，例如姜茶、姜汤、干姜片、烹调时加入姜的料理、台湾食补的姜母鸭等，吃姜可以促进血液循环、增强免疫力、抗过敏；天冷时淋到雨，我们也习惯喝上一碗姜汤，可以有效预防感冒。这些姜的功效都经过科学印证，也被广泛应用在生活之中。

当我选定以姜为蒸馏植材时，首先遇到的问题，就是要分辨对姜的不同描述与定义（嫩姜、粉姜、老姜、姜母、干姜等），所以我也借着这个单元把姜的区分方式分享给各位，重点是按照姜的年龄来区分。

1. 嫩姜（子姜）

姜的种植期是在每年的1~3月，嫩姜的采收时间是在同年的5~8月，也就是生长期大约4个月就采收的姜称为嫩姜，嫩姜的保存比较不容易，适合拿来腌渍、凉拌，不适合作为蒸馏的植材。

2. 粉姜（肉姜）

每年8~11月采收，生长期约6个月，这时姜的地下根茎肥大饱满，呈淡褐色，外表光滑鲜亮，这时期的姜因为外皮已具有保护作用，在保存上就比嫩姜容易，适合拿来料理爆香、煮甜汤，也是最适合用来蒸馏的植材。

购自超市的老姜。由于蒸馏时间并非姜的产季，所以购买不到粉姜，只有老姜可以选择

3. 老姜

每年的11月到隔年采收，生长期大约10个月，此时期的姜根茎已完全成熟老化，呈现深褐色，外皮变得粗厚、纤维多，辣度比粉姜高、耐储存，全年在市场上都可以购买到，适合拿来制成中药、姜茶或需要较强烈的姜香气、辣度的料理。老姜也可以拿来作为蒸馏的植材。

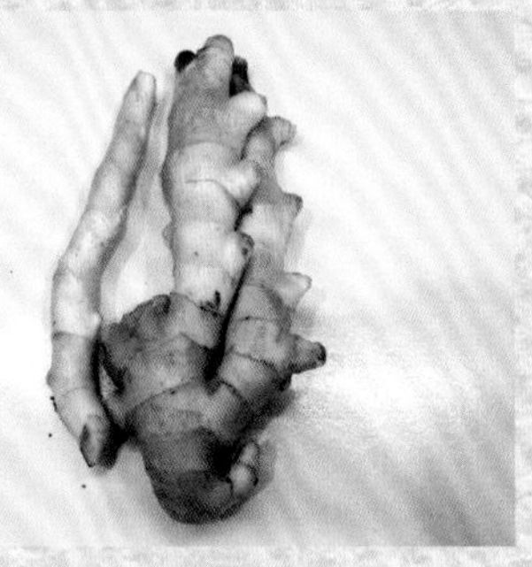

超市购买的嫩姜。嫩姜的生长期约4个月，挥发性成分还未达高峰，适合作为食材，不适合拿来蒸馏

4. 姜母

生长期到达10个月不采收留种到隔年，呈现深褐色、并连接着隔年新生的嫩姜，这类与生成的子姜一起挖出的姜种，称之为姜母。辣度是四者之最。

除了以上依照姜龄来区分姜的方式，还有常见的几个品种的区分，如竹姜、南姜、沙姜等，这些不同品种的姜，都有着不同的香气，不同的挥发性成分，也都非常适合取材来蒸馏，蒸馏方式都可以直接参考这个章节的工序。

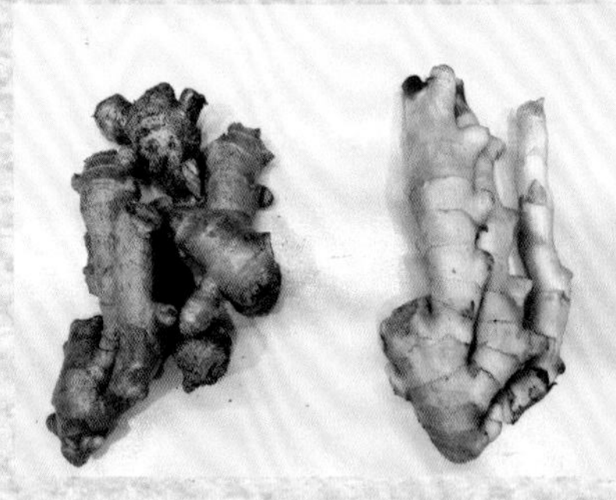

老姜、嫩姜外形比一比。老姜表皮粗厚、颜色较深、纤维多；嫩姜表皮光滑、颜色较浅、芽点略带红色

弄清楚了姜的区分方式，还有一个很重要、需要区分清楚的就是姜的活性成分应用。姜的功效主要来自两类成分，一类就是蒸馏所取得的挥发性成分——姜精油与姜纯露；另一

类是属于不挥发性成分——姜辣素。

姜有相当多的功效来自姜辣素，而姜辣素就是指由多种化合物组成，呈现姜特征性辛辣风味的一种混合物。姜辣素的含量会随着姜的年龄而增加，“姜还是老的辣”就是此意，当我们把姜运用在食材、料理、姜茶饮品中，所要运用的就是姜辣素所产生的功效。

姜辣素可以分为姜酚类、姜烯酚类、姜酮酚类、姜油酮等不同的类型，而这些化合物，都是属于高沸点、不具挥发性的物质，所以透过水蒸馏法无法萃取到这些不具挥发性的成分；也就是说，姜精油与纯露的成分中，不会含有这些姜辣素成分。

蒸馏萃取的姜精油与纯露，除了具有姜的特征香气外，因为不含姜辣素，所以它完全不会辛辣。当我们在运用姜精油与纯露时，是看重姜挥发性成分的功效，而不是姜辣素的功效，这一点很容易混淆，要特别分辨清楚。

另外，采用超临界CO_2萃取、压榨法萃取或是溶剂萃取所得的姜精油，这类姜精油的活性成分中是含有姜辣素的。如果读者见到姜精油的标示中含有姜辣素成分，表示它的萃取方式绝对不是采水蒸馏方式萃取，而是使用溶剂萃取所得。

注：

1. **蒸馏可取得挥发性成分而无法取得不挥发性成分的特性，可参阅1-1蒸馏的相关内容。**
2. **超临界CO_2萃取法与水蒸馏法所得的姜精油成分差异，可以参考本章节最末“姜精油主要成分”，属于姜辣素的成分特别以红色字体表示，可以很容易分辨两种不同萃取方式所得的精油成分差异。**

姜

植材预处理

哪种生长时期的姜适合拿来蒸馏呢？关于这点，我们先比较不同生长时期的姜，由它的含油量来研判。

经研究表示，姜在发芽期的含油量最低，约为1.86%，幼苗期的含油量为3.3%，到采收时期含油量上升到4.56%，这表示姜的挥发性成分的含量，是随着生长过程逐渐上升的。也有研究针对粉姜与老姜的含油量去测定，发现两者含油量的差距也很小。

另外，不同生长时期的姜所含的挥发性成分又有什么变化呢？经研究表示，姜在不同的生长时期，所含的挥发性成分并没有显著差异，只是各种化合物的含量有所不同，如柠檬醛、香叶醇、乙酸香叶酯的含量在粉姜中的含量比老姜中的含量高；老姜中的α-姜黄烯含量则是比粉姜中的含量高，而不属于挥发性成分的姜辣素，在老姜中的相对含量高于粉姜约7%～8%。

姜的预处理需要将它切碎成较小的颗粒，可以有效提高挥发性成分的萃取

把切成小颗粒的姜装入蒸馏器，采用水上蒸馏的方式

通过以上两点，我们在蒸馏姜精油与纯露时，可以选择粉姜或老姜，两者之间不管含油率、所含挥发性成分都差异不大，而嫩姜由于挥发性成分太少，所以不适合作为蒸馏的植材。

适合用来蒸馏的粉姜与老姜，两者保存方法都不难，只要常温避光保存就可以，姜与其他植材在保存上比较不同的地方，是不适合用冷藏或冷冻保存。

至于干燥后保存的方法，对于姜挥发性成分又有什么影响呢？干燥后的姜（以下简称干姜）含油量会下降，大约只有鲜姜的1/2，由于干燥过程必须加热，也会使干姜流失少部分低沸点的挥发性成分。

加热也使干姜中挥发性成分发生改变，干姜中有9～10种成分是鲜姜中所没有的，而鲜姜中则有2～3种成分是干姜中所没有的，但是鲜姜与干姜这两者含量最高的都是α-姜烯，两者共有的挥发性成分也有大约30种。所以，干燥后的干姜与鲜姜相比，除了含油率较低之外，其主要的挥发性成分是相同的，总体而言的差异并不大，也非常适合拿来进行蒸馏。

最后，还要注意一点就是，姜的表皮也含有许多有效的活性成分，所以在蒸馏前的预处理阶段，不要将姜的表皮剔除，要连表皮一起粉碎、蒸馏。

无论是鲜姜或干姜，预处理时都要先将表皮所附着的泥土洗净，接着就可以粉碎成小颗粒。最简单的方式就是用刀把姜切成小颗粒状，借以加大蒸馏时的表面积，提供较好的热传导效率，使含油细胞更容易胀破从而有效提升姜精油的萃取收率。

如果选用干姜作为植材，可以使用粉碎机直接把干姜粉碎，有文献实验结果证明，使用干姜粉碎后蒸馏，得油率最佳的粒径大小是0.55毫米左右，当把粒径再缩小到0.38毫米时，则由于颗粒太小，使得干姜颗粒容易黏成一团，反而不利于蒸汽的通过，造成萃取收率不升反降。姜预处理时的粒径大小，要依照个人刀工或器材进行调整，尽量接近最佳的粒径即可。

如果是采用干姜为蒸馏的植材，那么在蒸馏前还需先进行浸泡的工序，浸泡最佳的时间为3小时。

植材的料液比例＝1：（6～8）

蒸馏姜精油与纯露最建议的料液比例为1：（6～8），鲜姜因为含有丰富的水分，可以采用较低的比例1：6，而干姜因为需要进行浸泡的工序，所以建议以较高的1：8比例添加。

文献上记载料液最佳的比例是1：20，以这个比例进行蒸馏才能萃取到最大量的姜精油，但是考虑姜纯露也是我们蒸馏所定的目标产物，所以根据个人经验，将料液的比例降为1：（6～8），以免收集过多的纯露对香气表现产生影响。

例 **料：姜200克**
液：蒸馏水1200～1600毫升

2021/07/19，以3升阿格塔斯Plus铜锅，蒸馏姜精油与纯露

左边为第一个350毫升姜纯露，右边为第二个350毫升姜纯露。左边的姜纯露明显呈现白色混浊状，右边的姜精油含量明显减少，纯露较不混浊。但是两瓶姜的香气都非常浓郁

姜风味可口可乐。把姜纯露加入可口可乐中，让可乐带点姜的风味，非常好喝，加到啤酒里也可以。让饮料带有姜的香气与风味，却不含姜的辛辣口感

蒸馏的时间＝180～240分钟

姜精油的蒸馏时间，依据文献显示，蒸馏时间为4小时、5小时、6小时，姜精油的萃取收率是随着时间增加而增加；而当蒸馏时间为7小时，则出现萃取收率下降的状况，所以建议最佳的蒸馏时间为6小时。但是遵循经验，超过4小时的蒸馏时间我都认为太长了，所以会将蒸馏时间上限定为4小时。

当然，如果读者在时间、精力都允许的状态下，也可以按照文献的最佳蒸馏时间建议，将蒸馏时间延长到6小时。

蒸馏注意事项

a. 使用水蒸气蒸馏法所萃取的姜精油，其得油率在0.95%～1.5%。

b. 姜精油的密度为0.87～0.89克/立方厘米，密度比水轻，可以采用轻型油水分离器。

c. 姜精油的颜色介于淡黄色到深褐色之间，老姜所萃取的精油颜色会比较深。

d. 老姜精油的芳香性成分比较少，相对含量比较低，所以老姜蒸馏的精油与纯露，芳香气味比鲜姜略淡。

e. 蒸馏时姜纯露会呈现白色混浊状，与蒸馏土肉桂纯露情况类似，属于正确的情况。

姜精油主要成分（水蒸气蒸馏法萃取）

成分	含量
α-姜烯/α-Zingiberene	25.92%
β-倍半水芹烯/β-Sesquiphellandrene	10.34%
α-姜黄烯/α-Curcumene	4.91%
β-红没药烯/β-Bisabolene	4.55%
α-金合欢烯/α-Farnesene	4.49%
莰烯/Camphene	6.10%
α-蒎烯/α-Pinene	1.55%
β-蒎烯/β-Pinene	7.48%
乙酸橙花叔醇/Nerolidyl acetate	1.51%
橙花醛(顺式柠檬醛)/Neral	5.34%
香叶醛(反式柠檬醛)/Geranial	2.21%
乙酸香叶酯/Geranyl acetate	3.43%
6-姜酮酚/6-Paradol 沸点452.00～454.00摄氏度	0.04%
6-姜烯酚/6-Shogaol 沸点427.00～428.00摄氏度	0.07%

注：红色字体表示的成分为姜辣素，沸点极高，属于不挥发性成分，使用水蒸气蒸馏法所得的姜精油中所含的姜辣素成分非常微量。

姜精油主要成分（超临界 CO_2 萃取）

成分	含量
α-姜烯/α-Zingiberene	22.29%
β-倍半水芹烯/β-Sesquiphellandrene	8.58%
α-金合欢烯/α-Farnesene	3.93%
β-红没药烯/β-Bisabolene	3.87%
α-姜黄烯/α-Curcumene	2.62%
6-姜酚/6-Gingerol 沸点452.00～454.00摄氏度	9.38%
6-姜烯酚/6-Shogaol 沸点427.00～428.00摄氏度	7.59%
10-姜烯酚/10-Shogaol 沸点498.00～500.00摄氏度	2.36%
姜油酮/Zingerone	9.24%
6-姜二酮/6-Gingerdione	1.24%

注：红色字体表示的成分为姜辣素。超临界CO_2萃取法属于溶剂萃取，它是以液态的二氧化碳为溶剂进行萃取，所以采用此方法萃取出来的精油，不但含有大量挥发性成分，而且也富含大量的非挥发性姜辣素成分。

CHAPTER 3

手工纯露的生活应用

Applications of Hydrosol

纯露拥有温和的特性，在使用上没有太多禁忌，适合用在身体保健、肌肤保养或维持空间香氛，应用十分多元；除了一般日常生活外用之外，作为养身饮品也非常适合，在这里提供几种复方纯露的配方，以及将纯露应用在日常生活与饮食的方法。

身体保健

口腔保健

1. 复方纯露漱口水 100毫升

✻ 牙龈肿胀 ✻ 牙龈炎 ✻ 一般性口腔保健

配方/ 薄荷纯露20毫升＋积雪草纯露20毫升＋柠檬马鞭草纯露60毫升
使用/ 每日2～3次全口漱口使用（漱口完吐掉）。

2. 口气芳香喷雾 30毫升

✻ 随身携带喷雾瓶

配方/ 柠檬纯露15毫升＋薄荷纯露15毫升
使用/ 随时喷洒于口腔内，可保持口气芳香。

帮助睡眠

复方纯露 100毫升

配方/ 姜花纯露20毫升＋香蜂草纯露10毫升＋饮用温水70毫升
使用/ 于一天内分次或一次喝完，2周后调整配方；睡前2小时不喝，以防上厕所中断睡眠。

灵魂之窗护理

眼部舒缓复方 100毫升

＊眼部疲劳、干涩

配方/ 杭菊纯露70毫升＋柠檬香蜂草30毫升
使用/ 将化妆棉浸泡在纯露中，取出后闭眼湿敷，每日使用数次，一次10～15分钟。

足癣

复方抗菌足部保养纯露 100毫升

配方/ 茶树纯露70毫升＋柠檬纯露30毫升
使用/ 1. 先将日常穿的鞋子清洗干净后，将此复方纯露喷洒于鞋内；穿鞋前先使用此配方喷洒于双足。
2. 每日使用此配方，以1份水：3份纯露的比例添加于温热水中，将双脚清洁干净后泡脚10分钟。

头皮养护

1. 复方头皮养护纯露 100毫升

＊头皮脂溢性皮肤炎适用

配方/ 迷迭香纯露40毫升＋茶树纯露40毫升＋薄荷纯露20毫升
使用/ 洗发后，在湿发状态下将此复方纯露均匀喷洒于全头头皮后稍做按摩，再将头发吹干即可。

2. 发丝清香单方纯露

❋去除沾染于头发上的异味 ❋头皮汗味

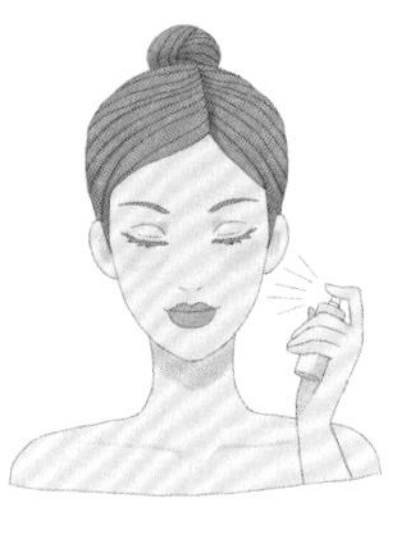

配方/ 迷迭香、薄荷、姜花、柠檬、柠檬马鞭草、月橘

使用/ 挑选以上任意一款单方纯露，直接喷洒于头发上即可。

镇静舒缓胡后水

胡后水

配方/ 桧木、天竺葵、薰衣草、柠檬马鞭草

使用/ 挑选以上任意一款单方纯露，直接喷在刮完胡子的部位，轻拍至皮肤吸收。

清洁、抗菌

洗衣 使用茶树纯露或柠檬纯露，以1份纯露：3份水的比例，在洗衣机最后一次清水洗清的程序中加入即可。

擦地 茶树纯露、柠檬纯露、月橘纯露选择其一，以1份纯露：3份水的比例，加入清水中擦拭地板，作为居家环境清洁、抗菌之用。

浴厕 使用茶树纯露、柠檬纯露、迷迭香纯露喷洒于浴室和厕所，清净空气。

空间香氛

去除气味单方纯露

✻烤箱内的烤鱼味✻厨房内油烟味✻厕所异味✻家中宠物体味等

配方/ 姜花、香叶万寿菊、桂花、薄荷、柠檬马鞭草、柠檬、百里香

使用/ 挑选以上任意一款单方纯露，直接喷洒于空间即可。

建议个人的使用经验是不要超过5种以上的纯露搭配，避免味道过于复杂。

注：在空间香氛的使用上，可以使用复方的纯露互相搭配，读者们可自行调配喜爱的味道作为空间香氛，不同的香气碰撞会产生非常奇特的新气味。

以下是我自行搭配的复方香氛纯露（以200毫升计算）

可随意喷洒在室内空间或衣物上

对味青草茶香	柠檬马鞭草纯露100毫升＋积雪草纯露100毫升
自然的森呼吸	香叶万寿菊纯露150毫升＋薄荷纯露50毫升
凉感淡茉莉香	迷迭香纯露150毫升＋茉莉花纯露50毫升
好心情	玫瑰纯露100毫升＋柠檬纯露50毫升＋柠檬马鞭草纯露50毫升

身心症状与对应配方

皮肤

症状	适合使用的纯露种类
粉刺	杭菊、胡椒薄荷、百里香、柠檬、积雪草
橘皮组织	天竺葵、薄荷、迷迭香、柠檬、玫瑰
蚊虫叮咬	茶树、薰衣草、肉桂、迷迭香、柠檬香茅
淡白肌肤	香水莲花、玫瑰
使用方式/ 每日喷洒3～4次，或将化妆棉浸湿在纯露里，取出化妆棉湿敷10～15分钟于皮肤上。	

神经系统

症状	适合使用的纯露种类
沮丧忧郁、焦虑	天竺葵、茉莉、杭菊、玫瑰、柠檬香蜂草、薰衣草、柚子花
头痛	杭菊、罗马洋甘菊、胡椒薄荷、玫瑰、迷迭香
睡眠	马郁兰、茉莉、薰衣草、玫瑰、杭菊、罗马洋甘菊、姜花
紧张、压力	天竺葵、薰衣草、柠檬、玫瑰、茉莉、马郁兰
疲劳	薄荷、天竺葵、松柏科植物
使用方式/ 1. 每日50～100毫升，加入饮水中于一天内喝完，作为保健养护用。 2. 按1份纯露：3份水的比例，加入40摄氏度左右的温热水，每日一次泡脚或泡澡。 注：以上两种方式可同步进行。	

呼吸系统

症状	适合使用的纯露种类
鼻塞、喉咙痛	白兰花、胡椒薄荷、迷迭香、百里香、尤加利、桂花
使用方式/ 1. 每日50～100毫升，加入温热的日常饮用水中于一天内喝完。 2. 将纯露加入热水中，在喉咙或鼻子不舒服时利用热水的蒸汽熏蒸喉咙，一次5～10分钟。	

消化系统

症状	适合使用的纯露种类
腹泻	天竺葵、薰衣草、胡椒薄荷、迷迭香
消化不良	姜、月桂、丁香、胡椒薄荷
肠胃相关	茴香、迷迭香、姜、柠檬、柠檬香蜂草

使用方式/ 每日50～100毫升，加入日常饮用水中于一天内喝完。

循环系统

症状	适合使用的纯露种类
手脚冰冷	肉桂、姜、桂花、杜松
四肢水肿	迷迭香、杜松、胡椒薄荷

使用方式/ 1. 每日50～100毫升，加入日常饮用水中于一天内喝完。

2. 将1份纯露：3份水的比例，加入40摄氏度左右的温热水，每日一次泡脚或泡澡。

其他

症状	适合使用的纯露种类
集中注意力	月桂叶、马郁兰、薄荷、迷迭香、柠檬、百里香
女性生理期	茉莉、柠檬香蜂草、薰衣草、鼠尾草、马郁兰、玫瑰

使用方式/ 每日50～100毫升 加入日常饮用水中，于一天内喝完。

症状	适合使用的纯露种类
掉发	迷迭香、百里香
脂溢性头皮痒	茶树、迷迭香、百里香、薄荷

使用方式/ 洗发后湿发状态喷洒于头皮，轻轻按摩吸收，再吹干即可。

饮品

气泡水

作法/ 纯露1份，以下纯露选择其一或复方加入气泡水中。
配方/ 柠檬、柚子、玫瑰、柠檬马鞭草、玫瑰天竺葵、葡萄柚、桂花。

鸡尾酒

作法/ 纯露1份，以下纯露选择其一或复方加入鸡尾酒中。
配方/ 柠檬、柚子、玫瑰、柠檬马鞭草、薰衣草、胡椒薄荷、姜花、杜松。

水果酒

作法/ 纯露1份，以下纯露选择其一或复方加入水果酒中。
配方/ 柠檬马鞭草、薰衣草、胡椒薄荷、柠檬香蜂草。

咖啡

作法/ 纯露1份，以下纯露选择其一加入咖啡中。
配方/ 肉桂、桂花、胡椒薄荷。

茶汤

作法/ 纯露1份，以下纯露选择其一加入包种茶汤中。
配方/ 桂花、香叶万寿菊、玫瑰、杭菊、柠檬马鞭草、香叶天竺葵、柠檬。

烹饪、甜品

煮饭

在煮饭时，以纯露代替高汤别有一番风味，可使用香水莲花、肉桂叶、迷迭香等。

沙拉

可在沙拉上喷洒纯露增添香气，建议选用柠檬马鞭草、柠檬、柚子等。

鸡汤

杭菊鸡汤、积雪草鸡汤都是人气汤品，在鸡汤炖煮完成后，加入纯露能让味道更为鲜甜。在杭菊产地苗栗铜锣乡，花季期间很多花农会使用杭菊鲜花炖煮鸡汤。

纯露入菜食谱

以下4种将纯露应用在餐点中的方式，提供读者参考。

食谱作者：张旸 Killn

白兰花纯露果酱

材料

柑橘果肉1000克

（去外皮，去籽，去膜后的重量）

来檬1颗

糖400～600克

（依喜好调整甜度，糖的比例至少不低于果肉重量40%）

朗姆酒少许

白兰花纯露50～100克

盐之花少许

香草荚三分之一根

制作步骤

a. 备料

1. 柑橘去皮后，尽量剥除外表的白色纤维与薄膜，把果肉切碎或放入调理果汁机打成泥。
2. 剥下的柑橘外皮，用刨刀削下最外薄层带有丰富精油的外皮后切丝。
3. 挤出来檬汁备用，同样以刨刀削下最外薄层带有丰富精油的外皮后切丝。
4. 汆烫柑橘丝与来檬丝以去除苦味。

---

b. 制作

1. 将汆烫过后的柑橘丝与来檬丝放入锅中，加入糖（可依果皮丝数量调整），加入少许来檬汁后开小火一起煮。
2. 熬煮至糖融入果皮丝、看起来水亮黏稠后，加入所有的果肉、果泥与剩余的来檬汁之后，转中火熬煮。
3. 等到水分减少约10%～15%，加入剩余的糖、少许朗姆酒、白兰花纯露与少许盐提味，香草荚剪开后刮下香草籽一同加入，转小火熬煮。
4. 持续搅拌，将果酱煮至黏稠即完成。
5. 将煮好的果酱装入高温消毒过的玻璃瓶，放凉后上盖保存，此时果酱就会因为果胶与糖的作用呈现黏稠状态。

小提醒 /
果酱熬煮小技巧

煮果酱时必须不停搅拌，特别是后期水分煮发后，要将果酱煮至黏稠，若无法判断黏稠程度，可以从锅中果酱的水位下降程度判断。大约煮到水位下降至50%，整个过程至少需要一个半小时以上。

小提醒 /
在果酱中
加入白兰花纯露

在果酱中加入白兰花纯露，能增加优雅、细致的甜美滋味，口味更为丰富、不死甜；此款配方如果想要单纯凸显白兰花香，可以不加香草籽。

白兰叶纯露米饭

材料

白米一杯180克
水170克
白兰叶纯露10克

制作步骤

1. 白米淘洗两到三次，至洗米水无粉质或能清楚见到米粒。
2. 加入水及白兰叶纯露，放置半小时至一小时后蒸熟。

小提醒 /
白兰叶纯露的
料理运用心得

白兰叶纯露相较于白兰花纯露，少了许多花香，却增加了清新奶香的风味，加入白兰叶纯露煮出的白米饭特别适合与重口味料理搭配，特别是传统台湾菜或上海菜，除了有解腻的效果之外，米饭也会因为白兰叶纯露而更为香甜。

月桂纯露司康

材料 约做8个

低筋面粉150克	无盐奶油50克	鸡蛋1颗
粗玉米粉（Cornmeal）50克	盐少许	原味酸奶60克
无铝泡打粉6克	砂糖40克	月桂纯露 10克

制作步骤

a. 备料

1. 奶油切成小丁。
2. 低筋面粉混入粗玉米粉、无铝泡打粉后拌匀、过筛。
3. 鸡蛋打散后过滤筋膜，取更细致的蛋液。

b. 制作

1. 过筛后的面粉与砂糖、盐放入盆中，加入切好的奶油小丁，用刮拌或切拌的方式，将奶油与面粉拌到松散如砂土的状态，过程中须注意温度不能过高。
2. 加入蛋液、酸奶与月桂纯露，快速拌和成无粉粒的面团，不可揉搓以免起筋。
3. 制作完成的面团用保鲜膜包起，放入冰箱冷藏40分钟。
4. 将冰过的面团杆成长方形，对折后再杆成长方形，重复四次，最后将面团杆成厚度约2～2.5厘米左右的长方形面皮。
5. 用圆形模具压出小圆饼，剩余面皮可以集合后再压模。
6. 小圆饼放入烤盘，小圆饼之间预留膨发的距离，小圆饼表面可以涂刷一层牛奶液或蛋黄液。
7. 将烤盘放入预热至180摄氏度的烤箱，烤15～20分钟，表面呈现金黄色即可。

小提醒 /
月桂纯露的
料理运用心得

制作这道点心的初衷，是想透过纯露的添加改善烘焙糕点不好消化的问题，同时透过辛香味纯露平衡奶油的腻口。欧洲料理中，月桂是常见的香辛料，月桂纯露在改善消化的同时，也具有稳定情绪的效果，就像甜点一样。而添加月桂纯露的司康，除了带来湿润口感外，入口时多了充满青草香气的甜蜜口感。

鼠尾草奶油面疙瘩

材料

a. 鼠尾草面疙瘩

马铃薯300～400克
小麦面粉100克
蛋一颗
鼠尾草纯露50克
盐少许

b. 培根奶油酱汁

奶油40克
鲜奶油120克
帕玛森乳酪40克
洋葱1/2颗
蒜头少许
盐少许
黑胡椒少许
培根两条

c. 配料

芦笋50克
食用巨星海棠适量

制作步骤

a. 备料

1. 马铃薯连皮放入加有鼠尾草纯露的水煮熟，纯露添加量依个人喜好调整。
2. 蛋打成蛋液。
3. 面粉过筛。
4. 一条培根切碎，平底锅不加油，小火煎至焦脆，制作成培根脆脆。
5. 一条培根切碎丁。
6. 洋葱切成碎丁。
7. 蒜头切成碎丁。
8. 芦笋汆烫，放凉备用。

b. 制作

鼠尾草面疙瘩

1. 煮熟后的马铃薯把皮剥除，捣压成泥，加入蛋液、少许盐与过筛的面粉，搅拌均匀后揉成团。
2. 把面团整成长条状，切适当大小的块状后揉成小团，放入加有鼠尾草纯露的煮沸的盐水中，煮至浮出水面后立刻捞出备用。

培根奶油酱汁

平底锅小火，奶油热锅后加入蒜头碎丁与洋葱碎丁炒香，再加入鲜奶油、培根碎丁、适量盐，煮滚后放旁边备用。

c. 组合

鼠尾草面疙瘩

1. 平底锅放少许橄榄油，将鼠尾草面疙瘩煎至一面焦黄。
2. 加入培根奶油酱汁、黑胡椒与培根脆脆，拌匀后装盘，撒上帕玛森乳酪。
3. 放入汆烫放凉的芦笋与食用巨星海棠装饰。

小提醒 /
鼠尾草纯露的
料理运用心得

鼠尾草在意大利料理中是家常的运用香料，通常使用新鲜鼠尾草制作奶油酱汁，新鲜鼠尾草制作的料理会带有鼠尾草特殊的辛香；而使用鼠尾草纯露烹饪，能在保留青草香气的同时降低新鲜植物的辛辣感，转为稍微苦香且增加甘醇的口感。这样的组合与白酱料理搭配特别平衡。

CHAPTER 4

DIY 纯露问与答

Questions about Hydrosol

Q1. 到底能够收集多少纯露？

首先，我们先了解关于纯露的定义：萃取芳香植物挥发性成分，利用水蒸气蒸馏法或是共水蒸馏法，蒸馏出来的产物经过冷凝、收集起来，然后静置等待精油层与水层分层后，将精油层与水层分开，其中的精油层就是芳香植物的精油，水层则是所谓的纯露。

从这个定义上来解释，在蒸馏的过程中，只要还能够收集到精油，蒸馏就会继续进行，直到不再有精油被蒸馏出来才会停止，也就是在到达蒸馏终点前所收集到的水层，都可以算是纯露。

所以我们也可以简单把它定义成：芳香植物在蒸馏过程中，只要还有挥发性成分萃取出来，在蒸馏终点前我们收集到的水层就可以称为纯露。

只要加入的料液比例是正确的——也就是植材与加入的蒸馏水比例是适当的，让蒸馏能够在正确的蒸馏终点停止，那么在这个蒸馏过程中所蒸馏出来的水层，都是富含植物挥发性成分的纯露。

注：料液比例与蒸馏终点的关系，请参阅CHAPTER 1～5。

Q2. 蒸馏使用的水源有什么要求？

蒸馏使用的水源，请尽量使用蒸馏水或是市面上销售的纯水，家中的自来水含有氯并不适合，而市场上琳琅满目的各种山泉水、碱性水、矿泉水等，这些水中的矿物质、离子都对蒸馏没有任何正面的帮助，并且售价也比蒸馏水还要贵，不需要浪费钱去买这些水来蒸馏。

Q3. 植材需要清洗吗?

非必要。

我们在选择蒸馏植材的时候，大多会挑选有机栽种或“友善种植法”栽种的植材，这些植材都不会有农药残留的问题，所以在取得植材后可以放心蒸馏，不需要进行清洗；如果选择的植材是干燥过的，在蒸馏前大多会先采用浸泡工序，不需要清洗，直接进行浸泡即可。

当然，如果植材在采收过程附着大量的泥土和杂质，也可以尽量将泥土、杂质去除后再进行蒸馏。

若非不得已必须使用喷洒过农药的植材或不确定植材是否有喷洒过农药时，就请先以大量的清水反复清洗数次后再进行蒸馏。

Q4. 哪里才能取得植材?

这个问题就跟如何取得能安心食用的食材一样。自行栽种植材，能把关每一个植物生长的过程，当然是最安全可靠的途径；如果必须跟小农购买，要先了解是否为友善种植法栽种？是否有用农药？采收期前的用药时间（药品残留）?

书中有22种植材来源，都是我亲自去查访过的。最省事的方法就是直接向这些小农购买。

Q5. 纯露香吗?

纯露是蒸馏植物所得的产物，蒸馏萃取出来的是植材中的挥发性成分，基本上纯露会大致保有活体植材所散发出来的气味，但蒸馏过程会让这些挥发性成分的组分产生改变，以至于蒸馏所得的产物呈现的气味也会有所改变，气味变化的程度也因植材所含的挥发性成分有所不同。

因此，如果你希望取得具有香气的纯露，那么建议选择花朵类植材，花朵类蒸馏所得的纯露，香气会很接近活体的花香（例如玫瑰纯露就比玫瑰精油更接近玫瑰花的香气，茉莉纯露的香气也非常接近活体茉莉花香）；而香草类植材蒸馏所得的纯露，大部分就是植材所呈现的特殊气味（例如薄荷、肉桂纯露的香气，都跟采摘植材后揉搓所散发的香气非常相似。）

关于植材的活体香气成分、精油香气成分与纯露香气成分间的差异，可以参考附录1中“偶遇香水新工艺”这篇文章，内有较详细的比较与介绍。

Q6. 纯露装瓶的材质需要用哪一种?

茶色玻璃瓶是首选，也可以使用不透光的塑胶材质（如HDPE、LDPE、PP、PET）或铝制的容器。

纯露跟精油一样，内有对光敏感的活性成分，必须用茶色或可以有效遮光的容器来保存。若使用PE、PP、PET这些塑胶材质，请注意它的耐受温度。

PET（聚乙烯对苯二甲酸酯）耐受温度60~85摄氏度。
LDPE（低密度聚乙烯）耐受温度70~90摄氏度。
HDPE（高密度聚乙烯）耐受温度90~110摄氏度。
PP（聚丙烯）耐受温度100~140摄氏度。

如果家中只有普通的透明玻璃，找不到茶色的避光玻璃瓶，也有一个实用简便的替代方法能与茶色瓶一样达到遮光效果，即用家中的铝箔纸把玻璃瓶包裹起来。

Q7. 蒸馏出的纯露为什么需要过滤？

蒸馏过程中接收容器清洗保存不恰当或有许多肉眼看不到的微粒与杂质，会通过上升的蒸汽气流，被夹带到蒸馏出来的产物中。为了避免这些微粒与杂质污染蒸馏产物，一定要进行过滤这道工序。

通常我们会以为只要接收容器清洗干净就已经足够了，但其实这些清洗过的容器一旦存放在环境中，就会有许多细小的灰尘或擦拭时所残留下来的棉絮、卫生纸纤维等，所以，蒸馏后处理中的过滤工序是必要的。

千万不要偷懒省略这个步骤！让微粒污染辛苦所得的产物，可就得不偿失了。读者也可以自己进行一个小小的实验，把没有过滤过的蒸馏产物用倍数大一点的放大镜观察，相信你会见到许多细小的微粒与纤维等杂质。

Q8. 纯露可以喝吗？

经过有机认证、植材来源清楚的纯露才能喝，某些植物的纯露最好稀释后再饮用，例如菊科类纯露偏寒，喝太多容易拉肚子，必须稀释后饮用。

Q9. 蒸馏加热时，可使用哪些热源？

以铜制蒸馏来说，较大型（如20升以上）的蒸馏器，可使用柴火或木炭会比较节省能源，小型蒸馏器（2～10升）可使用燃气、电热炉、电陶炉（铜制蒸馏器不可以使用电磁炉）。如果以电能或燃料转换成热能的转换效率来说，是燃气炉＞电磁炉＞电陶炉，热转换的效率越好，表示越省能源、越省钱。

注：要使用电磁炉的蒸馏器具或锅具，必须得满足一个条件，即具备磁性。拿磁铁测试，如果能吸附上去就代表该材质具有磁性，可以满足使用电磁炉加热的条件。铜制蒸馏器不具备磁性，因此无法使用电磁炉当作加热热源。

另外，市场上有许多铜制厨房锅具，锅底采用复合式材质，把不锈钢等磁性成分加在铜制锅具底部，让它也能使用电磁炉；但目前这类产品仅限于厨房用锅具，铜制蒸馏器还没有厂商制作出这类复合式锅底的产品。

Q10. 铜锅烧干了，该如何处理?

首先，用水长时间浸泡、软化锅底焦黑的碳化物，然后尝试用菜瓜布小面积磨除脏污，如果菜瓜布的效果也不好，则可以尝试用号数＃400的海绵砂纸，轻柔地、小面积去磨除焦黑物。

要注意的是，铜这个材质硬度相当低，千万不要用力过猛去刷洗，否则容易留下明显刮痕，不锈钢制的金属球刷因为硬度太高，所以不太推荐使用。此外，也不要拿上述这些工具去刷洗铜锅外观，否则就像汽车烤漆一样，会产生一道道刮痕，需要重新打磨、抛光才能恢复原貌。

Q11. 精油含量较高的纯露品质较好吗?

如果蒸馏制程没有问题（植材料液比、植材处理都正确），纯露中的精油含量（挥发性不溶于水的物质）应该会呈现饱和状态，所以在正确的料液比例、蒸馏时间的控制下，蒸馏出来的纯露中，精油含量应该都呈现饱和并且一致，也就是说蒸馏出来的每一滴纯露中，已经混溶了饱和且一定量的精油，不能单纯以精油含量分辨纯露的好坏。

但是，如果蒸馏的制程有问题（植材比例过低、接收的纯露过多等），就有可能导致蒸馏出来的纯露中精油含量过低，达不到饱和的状态。这种状况下，精油含量高的纯露就比精油含量少的纯露品质优良。

Q12. 蒸馏出来的纯露为什么容易出现杂质（在油水分离阶段，纯露特别混浊甚至呈现乳白色的状况）?

有些植材蒸馏出的纯露会呈现混浊甚至乳白色状态（肉桂、香叶万寿菊），通常造成这种现象有几个原因。

1. 植材的精油含量比较大。
2. 精油的密度非常接近水的密度。
3. 精油的成分中含有比较多亲水性的成分。

以上这几种原因都可能造成蒸馏出来的纯露特别混浊，也不容易在刚蒸馏完毕后就进行油水分离。通常遇到这种现象，将纯露静置时间拉长到3~7天就会恢复澄清，只要给精油与纯露足够的时间，大部分的精油与纯露还是会分开的!

注：混浊与静置分离的时间与现象，可以参考“土肉桂”的章节。

除了植材特性所造成的混浊结果以外，若以蒸馏的操作过程评估，杂质产生也有可能是以下原因。

一、蒸馏阶段

1. 蒸馏器的形状属于蒸汽出口部较窄小的设计，蒸汽流速较高。
2. 加热的火力控制不当，火力过强，控温过高。
3. 植材放置的量过多、上方蒸汽出口的空间不足。（这个情况特别会发生在共水蒸馏：植材浸泡于水中，而液面的位置过高）

高流速、火力过强、液面上方空间不足，这几个错误导致不属于产物的物质一起被夹带了出来，所接收到的不只是上升的蒸汽，还包括因沸腾满溢到上方接收部、应该要留在蒸馏器的底物溶液。

二、油水分离阶段

分液漏斗上方的精油层和下方的纯露层，静置后应该可以达到油水分离的状态，前段所述的状态会让两者中含有的杂质（不属于蒸馏产物）过多，这些杂质中大多有植物中的蜡质，所以容易出现精油层和水层有乳化、混浊与絮状物的现象，甚至分离后的精油层，还会凝成果冻状。

另外，在油水分离的阶段，如果剧烈振摇过精油层与水层，容易造成下方水层严重的油水混溶、乳化、变色、混浊的现象。状况一旦发生，就需要非常长的静置时间，甚至长期静置也可能没办法恢复了。

避免与解决的方法：

1. 选用蒸馏器时，一定要了解每种形式的特性，若属于窄口高流速款式则火力不宜太猛。
2. 植材是否采用共水蒸馏的方式较佳？如果选择共水蒸馏，一定要注意填料的液面高度。
3. 产物馏出后，在油水分离的阶段，静置时间可以长一点，让分层有充分时间达到最佳状态，在这个阶段千万不要用力去振摇它，否则状况只会更糟糕。除了静置，也可以尝试改变温度，微微加热或降低温度来看看分离状态是否改善。

注：蒸馏过程中多多少少都会带出一点蜡质，如果只是微量，基本上属于正常范围，最多让精油看起来有稍许混浊。有些特殊的植材（例如沉香精油）容易产生这种状况；或是蒸馏工序中器材的选择、工艺不佳，过多不该被蒸馏出来的非挥发性成分随着过多过大的水蒸气气流被夹带到蒸馏产物中，如果这些物质量太多时，蒸馏出来的精油与纯露分离后会凝固成果冻状。（这种形态类似溶剂萃取后蒸除溶剂得到的“凝香体”），这时候就需要做精油的蒸馏后处理，纯化去除这些杂质。

小分享

“凝香体”是指植材使用溶剂萃取，待蒸除溶剂后，所得的类似果冻状的香气物质，这种香气物质其实就是精油与蜡质的混合物。

许多花朵类植材中含有大量蜡质，会溶于萃取用的溶剂中，在萃取精油的同时，蜡质也会被溶剂萃取出来，当萃取程序完成将溶剂蒸除后，这些蜡质会与精油混合成状似果冻的凝香体，这时候如果要去除这些蜡质并取得精油，一般可以用95%的乙醇浸泡这些凝香体，借助精油可溶于乙醇而蜡质不能溶于乙醇的特性，便能进一步将两者分离。

沉香木的结香部位以水蒸气蒸馏法所得的精油，明显呈现果冻状，含有很多杂质

先将沉香精油以合适的溶剂（例如正己烷）加以稀释，让它不再呈现不可流动的果冻状态

以分液漏斗来进行清除沉香精油杂质的步骤，下方饱和食盐水层呈现混浊，颜色也有改变，表示有许多亲水性成分已进入饱和食盐水层中

经正确方式洗涤杂质后的沉香精油，恢复了精油该有的清澈透亮

洗涤沉香精油所清洗出来的杂质

Q13. 分次采集的植材该如何保存？

以玫瑰花来说，花期短（一般为30天左右）、花朵香气非常容易损失，所以采摘后必须立即蒸馏使用，否则出油率及精油品质都会很快下降。但是，我们无法种植、采集到足够一次蒸馏的大量玫瑰花，因此玫瑰花的正确保存方式对于DIY蒸馏者来说，就变得相当重要。

冷冻的方式能长时间保存玫瑰花，且不影响出油率（有文献证明），所以，最好的方式是将采摘下的玫瑰花使用真空包装，再放置于冰箱中冷冻，收集至可蒸馏的数量后即可操作。

Q14. 蒸馏时精油的收率怎么计算？

精油萃取收率的计算公式如下，精油萃取收率＝精油萃取所得的重量（单位：克）/ 蒸馏植材的重量（单位：克）×100

举例来说，100千克的茶树萃取出约2500毫升的精油，精油萃取收率是多少？

首先，我们要先将所得的2500毫升茶树精油换算出它的重量，茶树精油的密度约为0.8克/毫升，所以将2500毫升×0.8克/毫升=2000克，2000克/100000克×100=2%，茶树精油的萃取收率即为2%。

关于精油萃取收率的计算与应用，在CHAPTER 1～8也有比较详细的介绍。

Q15. 冷冻的植材蒸馏时需要解冻吗？

最好是解冻后再蒸馏，否则会耗费较久的时间、花费较多的能源。另外，冷冻保存的花朵呈现结冻状态时，花瓣变硬，花朵体积较难以压缩，会影响蒸馏器装填植材的分量，这一点也必须考虑进去。

Q16. 所有的植物都可以蒸馏吗?

任何植物都可以利用蒸馏这个方法，达到萃取其挥发性成分的目的。

但在蒸馏植材前，最起码要问自己两个问题，第一个问题是“这个植材有没有毒性”，另一个问题是“萃取出来的产物到底有什么成分？该怎么运用这些成分?”

如果这两个问题都有答案，代表你对这个植材有基本的了解，也知道该怎么去运用，那么，这个植材就是可以拿来蒸馏的植材。

“路边的野花不要乱采！”这句话还真不是没有道理的。某些植物具有毒性，在台湾山区常见的植物如夹竹桃、曼陀罗、鸡母珠，路边常见的银胶菊与海边很容易见到的海檬果，这些都属于有毒植物。想蒸馏萃取前请务必先确认所使用的植材是否安全。

因此，在蒸馏前参考资料与文献是相当重要的，从中能了解植物的特性、是否具毒性等相关信息；不了解植材就贸然进行蒸馏，不仅不会运用蒸馏产物，还具有一定的危险性！

Q17. 陈化是否需要接触空气?

陈化的过程可以定期打开瓶盖，让纯露接触空气，定期开盖有助于陈化的速度。打开瓶盖、接触空气有两个意义，一是让低沸点成分挥发到大气中，二是让氧气能再度进入体系之中。

这两个作用在“陈化”章节有比较深入的说明。

Q18. 陈化与醒酒的差异？是否能将纯露放入醒酒瓶加快陈化速度？

在陈化的章节中，我们已解说了陈化的机理以及影响陈化的各项作用。那么，陈化与醒酒有什么差异？

其实，醒酒与醒酒器的作用就是要加大氧化的作用力度，尽量在最短的时间内加大酒体与氧气的接触，无论是醒酒时摇晃酒体或将酒体反复倾倒（甚至有制造成花洒效果的醒酒器具），其实都是要增加与氧的接触面积，这与陈化阶段溶解氧的氧化作用有相同的机制。

至于是否可以放入醒酒瓶加快陈化的速度？按照理论来说，这绝对是可行的，但在实际上，倒是不需要那么费工夫。

怎么说呢？红酒开瓶后就是要立即品尝，但为了达到最佳赏味条件，所以要用特殊方法或是醒酒器在最短时间内加大与氧接触的作用力，以软化红酒中的单宁；而纯露我们可以让它在正确的环境中有比较长的保存陈化时间，让这些作用力慢慢发生影响，因此不太需要用到类似醒酒器的做法。

Q19. 锅底物如何运用？

蒸馏的锅底物可当作食用色料使用，例如蒸馏玫瑰花后锅底蒸馏水是深红色的，可作为食用红色色料，用于饼干、面包、面条以及各式食材的着色。

有些锅底物含有大量对身体有益的活性成分，有文献记载，将玫瑰蒸馏底物进一步过滤、处理、添加后改善口感，可制成富含活性成分的饮品。

另外也有同学将蒸馏底物用于泡澡，也是另一种保养肌肤的方式；蒸馏使用过的植材也可作为堆肥使用。

Q20. “过滤杂质”也能滤掉细菌吗？该使用哪一种滤纸？是否需要添购其他的设备？

使用滤纸的目的不是用来过滤细菌。纯露完成后，需要进行过滤工序，处理蒸馏过程中被蒸汽流带入产物的微粒杂质，或是在各个工序中空气中的灰尘与杂质落入产物所造成的污染，并不是要借着过滤工序来过滤细菌。

基本上，蒸馏过程中所达到的温度都足以杀死细菌，就像制造饮用蒸馏水一样，蒸馏出来的水基本上已处于无菌状态，我们只要专注在纯露会接触到的各器材表面以及接收容器的灭菌就可以了。

也就是说，所有会使用到的道具（如漏斗、接收容器、分装容器）都要先经过灭菌处理再使用，另外，也要戴上一次性手套与口罩等，这样就能避免过滤杂质时把污染物带入原本无菌的纯露之中。

滤纸的选择方面，有人觉得需要用到2微米的滤纸才能过滤细菌，但这种做法多在不以蒸馏方式制作饮用水时使用，必须让水通过极小孔径以达到除菌效果，日常生活中最常见的就是家用逆渗透过滤系统，它通过加压方式将水挤过极小的滤孔以除菌，也因为孔径太小，不通过加压方式根本无法使水顺利流过这么小的孔，必须使用加压马达。

咖啡滤纸与实验室使用的滤纸（ 如ADVANTEC NO.1）都足以过滤掉这些微粒杂质。当然，你也可以选择孔径较小的滤纸（实验室用的号数越大，孔径越小），但要注意的是，滤纸孔径越小，过滤速度会越慢，你必须花大量时间在过滤的阶段。

另外，纯露中所含的精油由于表面张力较大，在过滤过程中，部分会被吸附在滤纸表面而无法顺利被过滤下来，会损失一部分精油，孔径越小，损失也就越大；所以，刻意选择小孔径滤纸并非比较好的做法。

如果一次蒸馏需要过滤的量很大（甚至到达商业用途），可能要考虑添购能减压过滤（俗称抽滤）的设备以对应较大的过滤量，节省过滤时间。

小提醒 /
过滤工序中，如果觉得精油被吸附在滤纸表面很可惜，可以在过滤完成后使用少量的95%酒精冲洗滤纸，并把这些冲洗滤纸的乙醇接收保存下来。

滤纸表面上吸附的精油会被95%的乙醇溶解，而被乙醇溶解的精油就能轻松通过滤纸。接收下来的乙醇先密封保存，当下次又蒸馏到相同植材时，就能用同一瓶保存下来的乙醇冲洗滤纸，反复多次的操作，可以增加这瓶乙醇中的精油含量。

发现乙醇中的精油味道越来越明显后，可以将其放在室温中，打开盖子让乙醇慢慢挥发，当瓶中全部的乙醇都挥发后，所累积、冲洗下来的精油，就会出现在瓶底。

Q21. 铜锅出现铜绿是正常的吗？该如何避免？

铜锅表面在潮湿的空气中会被氧化成黑色的氧化铜，而这层黑色的氧化铜再继续与空气中的二氧化碳作用，生成所谓的“铜绿”或“铜”。

铜绿要生长的条件，是铜要在有二氧化碳（CO_2）气体和氧气（O_2）的情况下才可生成，二氧化碳与氧都容易溶解于水中，所以，铜容易在潮湿的条件下产生铜绿，铜绿是铜（Cu）、二氧化碳（CO_2）、水（H_2O）与氧（O_2）共同作用下生成的产物 。

其反应方程式是：$2Cu+H_2O+CO_2+O_2 > Cu_2(OH)_2CO_3$ （式4-1）

因此，要避免铜锅产生铜绿，就别让铜锅接触水气与空气，但在台湾这种海岛型潮湿气候下很难避免。网上会教大家在铜器表面涂上一层薄油以隔绝水气与空气，但这种做法容易污染到蒸馏产物，比较适合用在铜制摆饰或工艺品上，个人觉得不适合用在蒸馏铜器上。

蒸馏后彻底清洁铜锅，接着用干布将铜锅内外表面的水彻底擦干，避免水残留在铜锅表面，然后再用合适的塑胶袋或报纸将铜锅包裹起来，也可以使用保鲜膜包裹，尽量隔绝空气。

铜绿属于非挥发性的无机物，它不会随着蒸馏过程跑到产物之中，就算有非常细小的铜绿微粒被水蒸气夹带到蒸馏产物中，也会在过滤工序中被去除，不会对蒸馏产物造成污染。

Q22. 纯露冰过再使用常温寄送会坏掉吗?

纯露结冰就像水结冰一样，同样属于物理性变化，结冰后再退冰，并不会影响纯露中的成分。

冰过的纯露再使用常温寄送，也不会影响纯露。环境温度的改变，只是会影响纯露中各组分的溶解度、挥发度，并不会在短时间对纯露造成伤害。

Q23. 如何知道纯露坏掉了?

1. 参考制造商的制造日期及使用有效期限。
2. 观察到纯露中出现菌丝、棉絮状的悬浮物时，就表示纯露已经受到污染而变质，请不要再使用!
3. 用嗅觉观察纯露的味道，如果出现变质或酸败，纯露会有不好的气味生成。

瓶中的纯露有明显的棉絮状菌丝，表示纯露已经坏掉了

Q24. 如果省略或忘记进行过滤工序，纯露会比较容易变质或酸败吗?

过滤是为了去除蒸馏过程中随水蒸气被夹带进产物的微粒杂质，并没有过滤微生物或细菌的功能，忘记操作或省略过滤工序，不会造成纯露易变质跟酸败的状况，变质或酸败与容器和器具的灭菌是否彻底比较相关。

但试想一下，如果发现装罐后的纯露有肉眼可见的细小纤维或微粒杂质，是不是很容易让人对品质产生不好的印象，甚至对整个制作过程产生怀疑? 就像一道色香味俱全的汤品，忽然发现其中有一根小小的头发……

所以，我还是强烈建议不要省略、忘记过滤。

偶遇香水新工艺

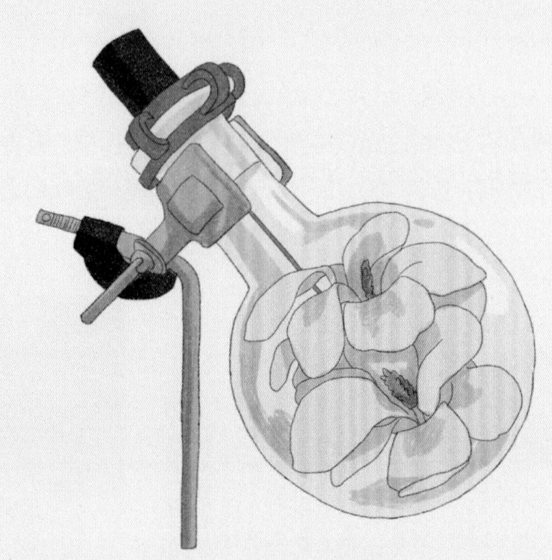

蒸馏法、溶剂萃取法都是用来萃取植物挥发性成分的常用方式，两种方式各有其长处，也各有所短处。蒸馏法利用挥发性成分的沸点与水蒸气蒸馏的特性来萃取挥发性成分，溶剂法则是利用挥发性成分的极性大小来进行萃取；而以这两种方式萃取所得的挥发性成分，通常都无法完整还原植物活体时所散发出来的气味，一定会有许多挥发性成分在萃取的过程中流失，所以一种新的萃取科技（顶空萃取法）便因应而生。

“活体香气的捕捉”，学术一点的名称应该是“动态顶空萃取”（Dynamic Headspace Extaction），动态是指萃取时会用特定的气体（如氮气）进行吹扫然后再吸附捕捉。植物的香气（挥发性成分）经分析其组分，几乎都已经能掌握确切的成分及含量，但这些微小分子间的质量关系与互动，都牵动着香气的层次与质感。

大自然的调配手法鬼斧神工，让人造科技相形见绌，所以用动态顶空萃取植物的活体香气，确实是个聪明又实际的好方法。

英国香水品牌 Jo Malone London 在其2017年限量版星木兰香水的广告上，表示此款香水便是以上述的萃取新工艺所研发调制而成，于是我对它起了兴趣，但由于此款为2017年限量版，所以无缘一闻；不过，我到专柜欣赏了以同工艺萃取的2018年新款“忍冬与印蒿”，这种香气真的很自然，确实宛如活体花香，把一切气味分子融合得恰如其分。

借着“偶遇香水新工艺”这个议题，我顺便利用手边文献来检查玫瑰花的活体、纯露和精油GC-MS所分析出来的香气组分，也看看这些成分的质量关系与互动对于香气的影响。

玫瑰活体、纯露及精油挥发性成分相对含量

类别	玫瑰活体	玫瑰纯露	玫瑰精油
醇类 Alcohols	50.74%	58.85%	27.9%
萜烯 Terpenes	8.44%	2.33%	1.06%
酯类 Esters	20.74%	0.53%	1.65%
醛类 Aldehydes	5.05%	0.1%	0.44%
酮类 Ketones	2.8%	4.39%	2.26%
酚类 Phenols	1.75%	28.22%	6.0%
醚类 Ethers	0.14%	0.02%	0.07%
酸类 Acids	4.76%	5.57%	

玫瑰活体香气、纯露及精油的挥发性成分比较

- 玫瑰纯露、精油和活体香气均以醇类化合物为最主要的挥发性成分，其中纯露在三者中占有最高的醇类化合物比例。玫瑰精油中由于含有大量以高碳烷烃为主的玫瑰蜡成分，导致醇类化合物相对含量较低。

玫瑰活体香气、纯露及精油各类挥发性成分相对含量前几名的成分

类别	玫瑰活体	玫瑰纯露	玫瑰精油
醇类 Alcohols	苯乙醇 22.87% 香茅醇 17.08% 苯甲醇 1.94%	苯乙醇 44.1% 香茅醇 5.06% 香叶醇 1.92% 橙花醇 0.36%	香茅醇 22.12% 香叶醇 5.04% 芳樟醇 0.32% 苯乙醇 0.27%
萜烯 Terpenes	柠檬烯 6.32% α-蒎烯 1.34% 罗勒烯 0.48%	柠檬烯 0.42% 香叶烯 0.04%	金合欢烯 0.75% 大根香叶烯 0.17%
酯类 Esters	乙酸香茅酯 4.32% 乙酸苯乙酯 3.14% 十六酸甲酯 6.9%	乙酸苯乙酯 0.21% 乙酸薄荷酯 0.32%	乙酸香茅酯 1.29% 乙酸香叶酯 0.33% 乙酸橙花酯 0.03%
醛类 Aldehydes	苯甲醛 2.02% 己醛 2.05% 呋喃甲醛 0.56%	苯甲醛 0.01%	柠檬醛 0.29% 壬醛 0.08% 庚醛 0.07%
酮类 Ketones	α-异佛尔酮 1.67% 丙酮 0.62% 二苯甲酮 0.28%	异薄荷酮 1.74% 右旋香芹酮 1.82% 胡薄荷酮 0.37%	2-十三酮 1.99% 2-卞酮 0.27%
酚类 Phenols	甲基丁香酚 1.11% 丁香酚 0.64%	丁香酚 25.44% 甲基丁香酚 2.7%	甲基丁香酚 5.34% 丁香酚 0.66%
醚类 Ethers	玫瑰醚 0.14%	玫瑰醚 0.02%	玫瑰醚 0.07%
酸类 Acids	己酸 2.56% 十二酸 0.64% 辛酸 0.43%	苯乙酸 2.89% 苯甲酸 1.2% 香叶酸 0.6%	

注：玫瑰精油中高碳烷烃的玫瑰蜡类成分不列入其中。

- 香茅醇、香叶醇、苯乙醇、橙花醇及它们的酯类是玫瑰花香的主体香成分。香茅醇和香叶醇使玫瑰香气具有甜味，含量越高香气越偏甜。香茅醇具有清香、花香、柑橘香、玫瑰香的香气特征；香叶醇具有甜的花香、木香、青香、柑橘香、柠檬香的香气特征；苯乙醇具有新鲜清甜的玫瑰花香的香气特征；橙花醇具有甜的花香、木香、柑橘香、柠檬香的香气特征。

  三者所检出的醇类化合物数目和种类基本类似，其中精油以香茅醇和香叶醇为主，活体香气中苯乙醇相对含量高于精油，而纯露中以苯乙醇占有绝对优势，在所有类型化合物中也是含量最高的。因此玫瑰纯露具有典型的苯乙醇型清甜香气特征。若拿纯露与精油相比较，纯露与活体香气更为接近。

- 萜烯类化合物是构成玫瑰精油前段香气的必要组分，在玫瑰香气中赋予新鲜的前段香气和天然感。萜烯类化合物在纯露中含量较低，与精油相似，明显低于活体香气中的总体相对含量。纯露中的萜烯类化合物种类数目与活体香气较接近，两者均明显高于精油中的萜烯类化合物种类，这是因为精油在水蒸气蒸馏萃取的过程中处于高温环境，导致萜烯类成分散失，这与玫瑰鲜花会随着气温升高导致萜烯类成分减少是相似的。因此，纯露与精油相比较，纯露更接近活体香气中的新鲜和天然感，香气的层次和质感更为细致。

- 在活体香气中，酯类化合物的相对含量和种类数目较高，仅次于萜烯类和醇类化合物，尤其是几种主要醇类化合物的相应酯类（如乙酸香茅酯等），在鲜花中占有重要的地位；而酯类在精油中相对含量较少，在纯露中只检出微量或未检出。纯露中酯类化合物的缺乏和含量较低使其香气较单薄，整体上不如活体香气浓郁饱满。

- 纯露、精油和活体香气中的酚类化合物均以丁香酚和甲基丁香酚为主。纯露中丁香酚含量远高于活体香气和精油，成为仅次于醇类的成分。酚类物质是影响风味和形成苦涩味的主要物质，其中丁香酚和甲基丁香酚等能起辅助作用，使玫瑰香气香甜浓郁，但若香气过于浓郁而没有较高比例的清香成分，则会使香气过于甜腻而质感不足。所以酚类物质的相对含量，也左右着感官所闻到的香气质感。

所以，借由顶空萃取技术的发展，我们才得以了解玫瑰的活体香气里面到底含有多少挥发性成分以及各类挥发性成分的含量又是多少，再借由得到的这些信息去和纯露、精油进行对比分析，我们就可以明白为什么蒸馏出来的纯露、精油所呈现的香气，往往和活体植物的香气有一些落差。因为在蒸馏萃取的过程中，我们无法取得完整的挥发性成分，也无法还原挥发性成分彼此间的相对含量。

玫瑰花中所含的香气成分，除了前段简单叙述了一些香气的组分、含量以及香气组成分子间的相互影响之外，玫瑰在其生命过程的花蕾期、初开期、半开期、盛开期和盛开末期，香气的成分种类和含量也存在明显差异；这些香气成分的改变，也借由顶空萃取技术得到最为科学的印证。除此以外，玫瑰品种和栽培条件等因素也会造成香气成分的差异。

所以，要调配出宛若天然植物香气的香水，我们可以想象实验复杂的程度。我曾在蒸馏工艺的课程中，特别安排一小段以香气单体进行调香的内容，按照玫瑰活体香气挥发性成分的含量为标准，让学员们尝试以单体化合物调配出最接近玫瑰活体香气的香水，但调配出来的结果总与活体香气有不小的差距。

而英国香水品牌 Jo Malone London 则以最先进的顶空萃取科技，完整捕捉活体香气的成分与含量，所得到的结果完全保留了大自然的绝佳的调香工艺，所制作出来的香水真的如同鲜花般鲜活、有灵性，有机会阅读此文的朋友，不妨找机会去专柜，实际领略新萃取技术的产品。

注：本附录中成分分析取材引自文献《玫瑰活体香气和花水成分及含量变化研究》(Study On Aroma And Flower Water Constituents And Contents Of Rosa Rugosa)

附录 2

植材处理表

注：标注有★号的植材，推荐给DIY蒸馏新手。

	植材名称	蒸馏部位	预处理要点	料液比例	蒸馏时间	保存方式	注意事项
★	茶树	枝、叶	- 茶树9月到次年2月含油量最高 - 采收需间隔5个月以上 - 老叶优于嫩叶优于细枝条 - 采收时剔除主干 - 蒸馏前可浸泡6小时	1：6~1：8	120~150分钟	可干燥后保存	- 干燥后含油量、品质会下降
	土肉桂	枝、叶、树皮	- 全年可采收，以7~9月最佳 - 叶片精油含量最高 - 7~9月精油含量最高 - 采自然阴干的干燥方式品质最佳 - 新鲜与干燥叶片的挥发性成分差异不大 - 干燥的土肉桂叶蒸馏前可先浸泡2小时 - 土肉桂精油密度比水重，油水分离器需选择重型 - 纯露易呈现混浊乳白色，勿以为此现象是操作错误 - 纯露可存放于冰箱2~3天再进行油水分离	1：6~1：10	90~120分钟	可干燥后保存	- 干燥保存时间太长，含油量会下降
	茉莉花	花朵	- 花期每年5~10月，7、8月最佳 - 雨后三天不采收、阴天不采收、上午不采收 - 属气质花，花不开完全不香 - 采收微开期的茉莉花 - 采收后，控制环境温度、湿度、花堆温度，等待当天晚上茉莉花开始释香 - 开始释香后6小时，将到达释香高峰 - 挑出释香中茉莉花全朵进行蒸馏，剔除未释香的茉莉花 - 可移除茉莉花的花萼与花梗 - 茉莉花酯类含量很高，宜采水上蒸馏、温和加热 - 茉莉花精油密度与水很接近，纯露易呈现混浊状	1：4~1：5	180~240分钟	可短时间冷藏保鲜	- 冷藏保存最佳时间6~12小时，冷藏时间太长易导致茉莉花酶的活性降低，影响香气释放 - 冷藏最佳温度约为15摄氏度左右 - 冷藏仅能稍微延后茉莉花释放香气的时间，无法进行长时间保存 - 绝对不可以冷冻保存，冷冻后的茉莉花不会释放香气

续表

	植材名称	蒸馏部位	预处理要点	料液比例	蒸馏时间	保存方式	注意事项
	白兰花	花朵	- 挑选微开的花朵 - 清晨6~9点采收 - 易氧化，需尽快蒸馏 - 取花瓣 - 蒸馏前可浸泡2小时 - 储存、运送阶段需慎防氧化产生发酵味	1：5~1：6	180~240分钟	可冷藏、冷冻、真空冷冻保存	- 冷藏与冷冻的目的均为避免白兰花氧化产生香气改变，故时间不宜太久 - 叶片干燥宜采用阴干的方式，不宜阳光曝晒
		叶	- 选择老叶 - 蒸馏前可浸泡2小时 - 干燥后蒸馏 - 可用微波辅助法	1：8~1：10	180~240分钟	可干燥后保存	
	月橘	花朵	- 花期4~10月 - 清晨5~9点采收，下午香气衰退 - 挑选盛开的花朵 - 开花时间短约4~5天，等待盛开的花量最大时采收 - 蒸馏取盛开花朵、剔除茎、叶、未开花苞	1：5~1：6	180~240分钟	可冷藏、冷冻、真空冷冻保存	- 冷藏与冷冻时间均不宜太长 - 干燥月橘香气不佳，不建议采用干燥保存
		叶	- 月橘叶精油含量略高于月橘花 - 新鲜或干燥皆可 - 干燥月橘叶蒸馏前可浸泡2小时 - 可用微波辅助法	1：6~1：8	120~150分钟	可干燥后保存	
★	玫瑰	花朵	- 取半开期、盛开期的花朵 - 采全朵玫瑰蒸馏 - 早晨9点以前采收 - 后熟阶段：采收后可平摊静置6小时，让酶作用，提升得油率 - 宜采用水上蒸馏法 - 宜选强香多瓣型玫瑰 - 含多种酯类成分，加热宜温和	1：3~1：4	180~240分钟	可冷藏、冷冻、真空冷冻保存、可干燥后保存	- 冷藏保存时间短 - 真空冷冻保存时间约3个月或更久 - 干燥后玫瑰香气改变，不建议干燥后保存
	姜花	花朵	- 夏季最佳 - 挑选盛开期的花朵 - 微开的姜花先采回，插入水中等待开花 - 未开的花苞无香气，勿蒸馏	1：5~1：6	120~180分钟	可冷藏保存	- 冷藏保存的时间不宜太长
	香水莲花	花朵	- 不同颜色香水莲花的含油量与挥发性成分均不同，但差异不大 - 全朵蒸馏，去除过长花梗 - 可采不同颜色混合蒸馏 - 完全绽放的花朵才可进行蒸馏 - 宜剪成小块状	1：5~1：6	120~180分钟	可冷藏短时间保存	- 冷藏保存时间越短越好，最好仅在物流阶段使用冷藏 - 物流时的环境需注意

续表

	植材名称	蒸馏部位	预处理要点	料液比例	蒸馏时间	保存方式	注意事项
	杭菊	花朵	- 苗栗铜锣乡每年11月举办杭菊季，可购买新鲜的杭菊花 - 新鲜或干燥的杭菊花蒸馏前可浸泡10小时 - 新鲜、干燥皆可蒸馏，两者挥发性成分差异不大	1：10～1：14	180～360分钟	可采冷冻保存、真空冷冻保存、可干燥后保存	- 真空冷冻可长时间保存（3~6个月） - 干燥后也可长时间保存
★	桂花	花朵	- 精油的含量为初花期＞盛花期＞末花期 - 宜采初花期花朵，但只采收初花期的花朵比较窒碍难行，可挑选初花期与盛花期采收 - 桂花含丰富单宁，易变色褐化，尽早蒸馏或冷冻保存 - 冷冻保存与新鲜桂花得油率只有一些差距 - 干燥的桂花含油量下降超过50% - 蒸馏前可先浸泡数小时到隔夜 - 加热宜温和	1：4~1：5	120～180分钟	可冷冻保存、可干燥后保存	- 冷冻保存时间勿超过 1个月 - 干燥后香气品质与含油量均大幅度下降
	香叶万寿菊	花、叶、全株	- 秋季含油量较高 - 花期可单独采收香叶万寿菊的花进行蒸馏 - 单独采收叶子进行蒸馏也可以 - 采收全株（根除外）蒸馏亦可 - 含油量叶＞花＞茎 - 进入花期，茎叶的含油量会下降 - 混合花朵进行蒸馏，产物的香气品质较佳 - 花、茎、叶三者所含主要挥发性成分相同 - 新鲜、干燥皆可蒸馏，两者挥发性成分差异不大 - 干燥的香叶万寿菊蒸馏前可浸泡2小时	1：6~1：8	180～240分钟	可干燥后保存	
	白柚花	花朵	- 花期在每年3～4月 - 挑选始花期、盛花期花朵，未开花苞不采 - 宜挑清晨采收 - 采全朵蒸馏，去除过长花梗 - 干燥白柚花蒸馏前可浸泡30分钟 - 宜采用水上蒸馏法 - 含多种酯类成分，加热宜温和	1：8~1：10	180～240分钟	可冷冻、真空冷冻保存、干燥保存	- 冷冻保存时间不宜太长（1个月内） - 冷冻后蒸馏所得产物香气与新鲜差异很小 - 经干燥保存的白柚花，香气与新鲜白柚花有差异，建议采新鲜白柚花进行蒸馏

续表

植材名称	蒸馏部位	预处理要点	料液比例	蒸馏时间	保存方式	注意事项
薄荷	茎、叶、全株	- 采全株（根除外）蒸馏 - 新鲜、干燥皆可蒸馏，两者挥发性成分差异不大 - 茎部含油量比叶子低 - 茎部剪成1～2厘米小段状 - 干燥的薄荷蒸馏前可浸泡4小时	1：5~1：8	180～240分钟	可干燥后保存	- 干燥保存时间宜在半年内，若超过半年含油量将会大幅下降
积雪草	全株	- 采全株（根除外）蒸馏 - 清水洗净泥土、杂质 - 新鲜、干燥皆可蒸馏 - 剪成1～2厘米小段 - 干燥的积雪草蒸馏之前可以先浸泡4小时	1：5~1：6	180～240分钟	可干燥后保存	
柠檬马鞭草	叶	- 6月精油含量最高 - 精油含量从早上8点开始升高，至中午12点达到高峰 - 采收时避开较粗、木质化的茎 - 采收时宜取植株上半部 - 花期时精油含量变低，应避开 - 宜取叶子蒸馏，茎的含油量只有叶子的1/30 - 新鲜与干燥皆可蒸馏，两者挥发性成分差异不大 - 干燥的柠檬马鞭草，在蒸馏前可先浸泡2～4小时	1：5~1：6	120～150分钟	可干燥后保存	
甜马郁兰	全株	- 采全株（根除外）蒸馏 - 晴天下午2～4点采收，含油量较高 - 采收后2～3天必须蒸馏完毕 - 新鲜、干燥皆可蒸馏 - 剪成约1厘米小段 - 花序与全株挥发性成分差异不大 - 干燥的甜马郁兰，在蒸馏前可先浸泡2小时	1：8~1：10	180～240分钟	可干燥后保存	
柠檬香蜂草	茎、叶	- 春、秋两季采收较佳 - 植株高度超过20～30厘米时可采收 - 植株顶端三分之一处精油含量最高 - 香蜂草叶精油含量比茎部高 - 新鲜、干燥皆可蒸馏	1：6~1：8	150～180分钟	可干燥后保存	- 新鲜香蜂草香气较佳 - 干燥后保存时间不宜太长，特征香气会渐渐变淡

续表

	植材名称	蒸馏部位	预处理要点	料液比例	蒸馏时间	保存方式	注意事项
	迷迭香	茎、叶、全株	- 全年可采、夏秋两季最佳 - 中午12点到下午2点采收最佳 - 新鲜与干燥后的迷迭香，蒸馏产物的主要成分皆相同 - 全株蒸馏（根部除外）或单独蒸馏迷迭香叶皆可	1：6~1：8	120~150分钟	可干燥后保存	- 干燥后可长时间保存
★	香叶天竺葵	茎、叶	- 全年可采，气温22~30摄氏度采收最佳，冬季低温、夏季高温时含油量较差 - 避开植株下方木质化的部位 - 茎部预处理时要剪成小颗粒 - 酯类含量高，加热宜温和	1：6~1：8	120~180分钟	可常温保存20天	- 可常温保存20天，其含油量没有明显降低
	柠檬草	全株	- 夏秋两季，6~9月精油含量高 - 雨后三天不采收 - 常温阴干20~30天，得油率最高 - 阳光下干燥会降低得油率 - 剪成3~5厘米小段 - 干燥的柠檬草，在蒸馏之前可先浸泡2小时	1：8~1：10	120~180分钟	可干燥后保存	
★	柑橘属	果皮	- 全年皆有当季的柑橘属果实可以选择 - 取外果皮 - 果皮中白色海绵状细胞组织记得要去除 - 剪成边长8~10毫米的小块状 - 可用微波辅助法	1：8~1：10	180~240分钟	可冷藏保存	
	姜	地下根茎	- 选择粉姜或老姜，勿使用嫩姜 - 鲜姜含油率优于干姜 - 姜的表皮不要剔除，保留下来 - 切碎成小颗粒状 - 干姜蒸馏前可先浸泡3小时 - 纯露易呈现混浊乳白色，勿以为此现象是操作错误 - 纯露可存放于冰箱2~3天，油水分层的状态会比较明显，纯露会较为清澈	1：6~1：8	180~240分钟	可干燥后保存、常温保存较佳	- 不适合冷藏保存 - 姜精油与纯露的活性成分中，不含姜辣素，所以只有姜的特征香气，并不会辛辣

作者于2019年受邀至新竹绿之苑有机农庄示范蒸馏工艺活动

作者于2019年受邀至新竹绿之苑有机农庄示范蒸馏工艺活动

作者于2022年受邀至屏东潮州示范蒸馏工艺活动

作者于2022年受邀至屏东潮州示范蒸馏工艺课程

作者于2020年受邀至苗栗农工示范蒸馏工艺

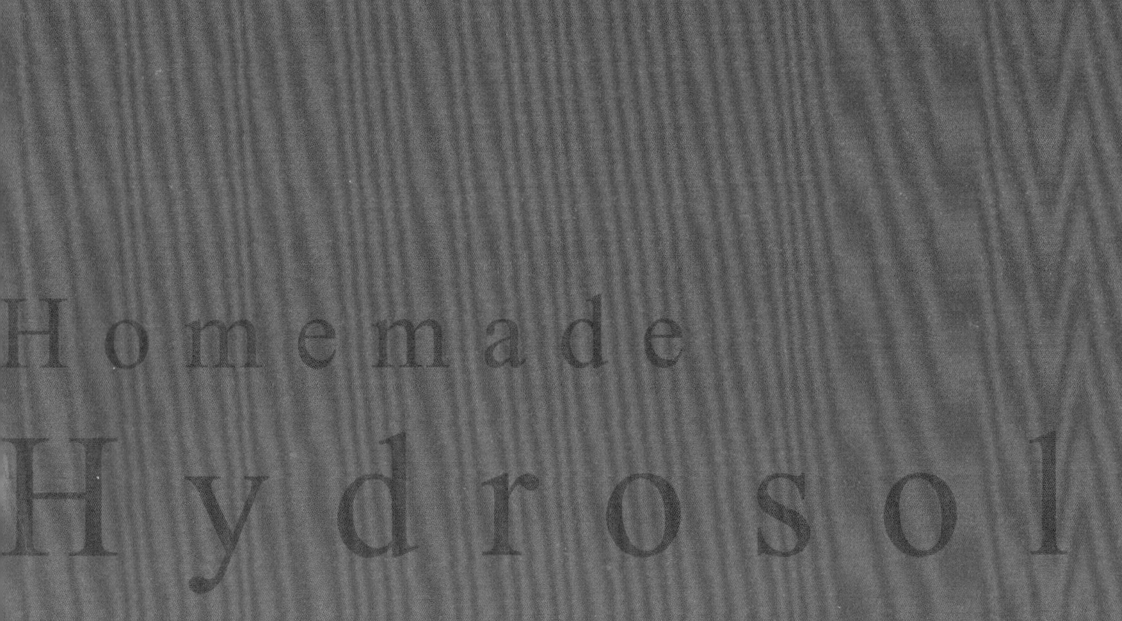
Homemade
Hydrosol

图书在版编目（CIP）数据

凝香，手工纯露蒸馏教室 / 余珊著；张家瑜绘.
北京：中国轻工业出版社, 2025. 1. -- ISBN 978-7
-5184-5225-5

I . TQ654

中国国家版本馆CIP数据核字第2024SV8612号

责任编辑：贠紫光　　责任终审：劳国强　　设计制作：锋尚设计
策划编辑：钟　雨　　责任校对：朱燕春　　责任监印：张　可

出版发行：中国轻工业出版社（北京鲁谷东街5号，邮编：100040）
印　　刷：北京博海升彩色印刷有限公司
经　　销：各地新华书店
版　　次：2025年1月第1版第1次印刷
开　　本：710 × 1000　1/16　印张：18.75
字　　数：330千字
书　　号：ISBN 978-7-5184-5225-5　定价：98.00元
邮购电话：010-85119873
发行电话：010-85119832　010-85119912
网　　址：http://www.chlip.com.cn
Email：club@chlip.com.cn

232395S6X101ZYW